青少年灾难自救丛书
QINGSHAONIAN
ZAINAN ZIJIU CONGSHU

火山惊魂

姜永育 编著

四川教育出版社

图书在版编目（CIP）数据

火山惊魂/姜永育编著. —成都：四川教育出版社，
2016.10

（青少年灾难自救丛书）

ISBN 978-7-5408-6679-2

Ⅰ．①火… Ⅱ．①姜… Ⅲ．①火山喷发－自救
互助－青少年读物 Ⅳ．①P317.3－49

中国版本图书馆 CIP 数据核字（2016）第 244989 号

火山惊魂

姜永育　编著

策　　划　何　杨
责任编辑　胡　佳
装帧设计　武　韵
责任印制　吴晓光
出版发行　四川教育出版社
　　地　　址　成都市黄荆路 13 号
　　邮政编码　610225
　　网　　址　www.chuanjiaoshe.com
印　　刷　三河市明华印务有限公司
制　　作　四川胜翔数码印务设计有限公司
版　　次　2016 年 10 月第 1 版
印　　次　2021 年 5 月第 2 次印刷
成品规格　160mm×230mm
印　　张　9
书　　号　ISBN 978-7-5408-6679-2
定　　价　28.00 元

如发现印装质量问题，请与本社联系调换。电话：(028) 86259359
营销电话：(028) 86259605　邮购电话：(028) 86259605
编辑部电话：(028) 86259381

引子 INTRODUCTION

2014 年 9 月 27 日，日本中部的御岳山突然喷发，大量火山灰冲天而起，白天转瞬变成黑夜，空中火山灰飞舞，硫黄气味令人窒息。

这场喷发共造成 48 人死亡，成为战后日本最严重的火山灾难。

火山喷发时，御岳山上共有 200 多名登山者，其中包括一名叫小川的 43 岁导游。当时，小川正在火山口附近探路，突然前面传来轰隆一声巨响，似乎平地起了一个炸雷，很快，大量火山灰喷涌而出，石头像雨点般在空中飞舞。

"火山喷发啦，赶快躲起来！"小川大叫一声，出于本能，他把背包顶在头上，死死护住头部。

猛烈的热浪和像冰雹一样的碎石块袭来，迫使小川不得不就地躲在一块突出的岩石下面。这时，浓烈的硫黄味扑鼻而来，他感到呼吸急促，胃里翻江倒海。怎么办？他看了看手里的矿泉水瓶，灵机一动，把矿泉水倒出来浸湿衣服，紧紧捂住了口鼻。

小川刚刚做完这一切，火山口方向又传来惊天动地的巨响。响声过后，小川惊恐地看到，天空中出现了像卡车一样大的石头。巨石从头顶飞过，狠狠砸向地面，碎裂后向四面八方飞散开来，一些来不及躲避的游客当场被砸倒在地。

　　遮天蔽日的火山灰把白天变成了黑夜，小川从包里拿出手电筒拧亮，并呼喊其他游客到岩石下面躲避。不一会儿，火山灰迅速堆积到了膝盖位置。这下完蛋了！小川心里悲叹了一声，但他很快便想到了自己导游的职责，想到了家中的父母妻儿，于是很快振作起来。"无论如何都要活着回去！"他对自己说。

　　火山在强烈喷发几分钟后，出现了短暂的停息。"赶快离开这里！"在确认危险暂时过去后，小川迅速从岩石下钻出来，带领游客们往山下撤离。经过一番惊心动魄的跋涉，他和大部分游客终于撤离到了安全地带。

　　小川获救的事实告诉我们，如果不幸遭遇火山喷发，一定要做到以下这几点：一是要注意保护好头部，并迅速找到安全的藏身之处，避免被火山碎屑和飞石击伤；二是要用浸湿的毛巾或衣服把口鼻捂起来，避免吸入硫黄、二氧化硫等有毒气体；三是要冷静，要对获救始终充满希望，并伺机寻找逃生的机会。

　　火山喷发是一种正常的自然现象，任何人都可能在出行或旅游途中与它不期而遇，如果你想了解更多的火山逃生自救知识，那就赶紧翻开本书往下看吧！

目 录 CONTENTS

科学认识火山

火山喷发前兆

火山逃生自救及防御

火山灾难启示录

科学认识
火山

火山的传说

　　咦，前面那座山怎么在冒烟？不好了，还有红红的火光，刺鼻难闻的气味……这是怎么回事呢？

　　原来是火山喷发！

　　很久很久以前，火山喷发便在地球上出现了。古罗马神话中，认为火山喷发是火神伏尔甘发怒造成的。伏尔甘是天神朱庇特和天后朱诺的儿子，按理说，堂堂天王之子应该长得英俊帅气才是，可伏尔甘一点儿都不像父母。他不但容貌丑陋，而且生下来就是一个瘸子，这让好面子的朱庇特和朱诺非常不爽。因担心被众神笑话，伏尔甘出生没几天，便被狠心的父母推下了天庭。可怜的伏尔甘昏昏沉沉的，他在天上飘了整整一天，黄昏时分才坠落到一个荒岛上。幸运的是，当时岛上有两位善良的女海神正在散步，她们伸手接住了伏尔甘，并把他带回去抚养。

　　伏尔甘长大后，成了一名铁匠。大概是对自己的职业不满，也可能是从小被父母抛弃的缘故吧，这个跛脚的铁匠性情十分暴躁。每当他生气时，就会把打铁的动静弄得特大，从而使大地上出现火山喷发和地震。据说，火山口喷出的红红的熔岩，就是火神伏尔甘打铁时迸出的火星。

　　除了古罗马这个神话，在美丽的夏威夷岛也有类似传说。夏威夷岛上的冒纳罗亚火山今天仍在喷发，红红的熔岩流入大海，引起水与火的激烈交锋，形成一大自然奇观。当地传说，这一奇观是火神和海神之间的矛盾引发的。

这个传说中的火神是一位名叫佩莉的美女，她与海神露丝是一对姐妹。姐姐露丝胸怀广阔，性格温柔；而佩莉则性情急躁，动不动就发脾气砸东西。当时地球刚刚完成翻天覆地的造海运动，下界急需一名天神掌管海洋。佩莉和姐姐露丝都想下界做大海之主，可是派谁去呢？她们的父亲有些犯难了：派佩莉去吧，可是她的性格实在令人担忧，搞不好还会给海洋造成灾难；让露丝去呢，又担心佩莉不肯相让。父亲左思右想，权衡一番后，还是决定派露丝下界管理海洋。露丝受命，悄悄下界当了海神。佩莉知道后可不干了，尽管父亲封她当了火神，可她仍觉得当火神不过瘾。一天，佩莉找到姐姐，要她交出整个大海的管理权。露丝当然不肯了，姐妹俩大战了七天七夜，结果佩莉败下阵来。她四处漂泊，到了一座又一座火山，最后看中了夏威夷岛上的火山，便在此定居下来。

尽管被姐姐打败，不过佩莉始终不太甘心，于是她时常驱使火山熔岩流向大海，继续与姐姐争夺地盘，这就是今天夏威夷岛上水火交锋的缘由。

中国也有关于火山的传说：盘古开天辟地时，天上有无数恶龙，它们有的喷吐黑水，有的喷射火焰，把整个大地搅扰得一塌糊涂，老百姓流离失所，民不聊生。眼见自己的后代遭殃，人类始祖女娲娘娘坐不住了，她乘金凤飞上天去找恶龙算账。经过一场场惊心动魄的激战，喷吐黑水的恶龙被女娲娘娘全部斩首，而喷射火焰的恶龙则吓得四散奔逃，它们有的躲进大海，有的钻进深山，有的藏到地下……这些火龙侥幸躲过了女娲娘娘的惩罚，不过它们并不甘心，总会时不时探出头来东瞧西看，每每此时，海洋或地面上便会喷出火红的熔岩来。

危险的火山岛

传说终归是传说，其实火山家族在地球上的历史十分悠久，自从地球诞生以来，火山喷发就从未中断过。

总体来说，火山家族有仨兄弟。老大叫"死火山"，它沉默寡言，除了人类有史以前曾发过脾气外，它现在已基本不再发火了；老二叫"休眠火山"，这家伙比较贪睡，它睡着的时候，就像一个可爱的睡美人，但当它醒来时，就变成了一个脾气很坏、喜欢发火的恶魔；老三叫"活火山"，这是一个臭名昭著的家伙，即使没人惹它，它也会动不动就发火。

不过，火山家族的事情真的很难说，老实巴交的老大偶尔也会跳出来发发火，给人类造成很大灾难，如欧洲的维苏威火山一度被认为是死火山，但它在公元79年突然爆发，致使古罗马帝国的庞贝古城遭到灭顶之灾。目前，地球上已知的死火山大约有2000座，已知的世界最高的死火山叫阿空加瓜山，它位于阿根廷境内，海拔6960米，被公认为西半球最高峰。休眠火山的典型代表是日本的富士山。这座形如帽子的火山十分美丽，它自公元781年有文字记载以来，先后共喷发过18次，最后一次是1707年，此后便变成了休眠火山。活火山比较多，据科学考察，人类已发现的活火山共有516座（其中海底有69座），它们主要分布于环太平洋火山带，以及地中海—喜马拉雅—印度尼西亚火山带，大洋中脊火山带和红海—东非大陆裂谷带。最有名的活火山如克利夫兰火山，它是阿留申群岛最活跃的火山之一，20世纪90年代喷发时曾导致人员伤亡；日本的樱岛火山也很活跃，2013年8

月的一天，它的火山口发生爆炸性喷发，喷出的烟尘高达 5000 米。当然，也有的活火山并不伤人，如位于太平洋岛国瓦努阿图的亚苏尔火山，它喷出的熔岩大多直起直落，很少斜向喷射，一般不会伤及游客，因此被称为"世界上最可亲近的活火山"。

在这里，重点介绍一个火山喷发比较频繁的国家——冰岛。

冰岛一共有 200 多座火山，其中活火山就有 30 余座，人们称其为火山岛。冰岛的火山为何如此众多呢？翻开地图册，查找一下冰岛的位置就知道了。冰岛位于大西洋上，在地质年代上，它属于年轻的"小字辈"。这"小字辈"的日子可不好过：它的一边是亚欧板块，而另一边则是美洲板块。据地质专家观测，这两大板块正以每年 2 厘米的速度飘移——它们之间关系的不和谐，可把夹在中间的冰岛害苦了：冰岛地下的岩浆时时刻刻都在燃烧，它们不但经常冲出地面形成火山喷发，而且还会制造令人谈之色变的灾难——地震。

冰岛的火山喷发十分频繁，大大小小的活火山都不安分，它们时不时地喷出红红的熔岩和浓浓的黑烟，仅历史上有记载的火山喷发就有 150 多次。而每一次火山喷发，都伴随着冰与火的战斗。2010 年 3 月 20 日，冰岛上一座叫艾雅法拉的火山喷发了。这座火山大约高 1666 米。喷发之前，它上面覆盖着厚厚的冰雪。因为 190 年没有喷发

了，人们都没有把它当回事。当火红的熔岩从山顶喷射出来时，人们看到了壮观而惊心动魄的一幕：火红的熔岩倾泻到冰雪上，激起数十米高的水蒸气；熔岩突破冰雪的防线后，形成熔岩流向东北方向蔓延，并浩浩荡荡流入一座山谷之中，让人不禁心惊胆战。

可以说，冰岛是一个冰与火的世界：地面上是经年不化的冰川和皑皑白雪，而地底下是灼热的岩浆和喷薄而出的熔岩。冰与火在这里既激烈交锋，又相互依存，形成一个独特、有趣的景致。

腾冲火山探秘

很早以前，中国便有了关于火山喷发的记载：北魏（公元386－534年）时，山西大同聚乐堡的昊天寺发生火山喷发，令当地人惊慌不已。而近400年间，中国的五大连池、长白山、台湾、腾冲、西昆仑等地区都有过火山喷发：

1719年至1721年，东北的五大连池火山猛烈喷发，其情景"烟火冲天，其声如雷，昼夜不绝，声闻五六十里，其飞出者皆黑石硫黄之类，经年不断……热气逼人30余里"。

1916年和1927年，台湾东部海区的海底火山先后两次喷发，呈现出"一半是海水，一半是火焰"的壮观情景。

1951年5月，新疆于田以南昆仑山中部的一座火山喷发，现场火山冲天，轰响如雷，喷发持续了几个昼夜，堆起了一座145米高的锥状山体。

……

据科学考察，中国火山及熔岩活动较普遍，主要分布在东北地区、内蒙古及晋冀二省北部、雷州半岛及海南岛、云南腾冲、羌塘（藏北高原）、台湾、太行山东麓及华北平原等地。

下面，咱们通过对云南腾冲的考察，一起来了解中国火山的活动情况。

腾冲是中国的一个边境城市，这里的火山活动十分明显，随处可见火山喷发形成的黑色火山石。在距县城 20 千米处，有一座著名的公园，这便是腾冲热海。它坐落在一座休眠火山内。一走进园内，就见到处蒸汽冲天，热泉呼呼喷涌——这里共有 80 多处较大的气泉和温泉群，其中 10 个温泉群的水温达到了 90℃ 以上。温泉群中最著名的是"大滚锅"，它是一个天然地热泉池，表面的温度为 96.6℃，而池底的温度更是高达 102℃。隔着老远，人们也能感觉到池水灼热的温度。

科学家分析，"大滚锅"是地层中心的热流向地表上升，并顺着地壳断裂处勃然喷发的结果。在腾冲的多处地热温泉中，科学家们还探测到了氦和甲烷气体，说明地下岩浆活动一直未停止，并有源源不断的火山供给源。"大滚锅"可以说是火山活动的一个显著特征，它就像人睡觉时打鼾一样，通过监测它的活动，就能部分观测火山睡眠的情况。如果某一天，"大滚锅"里的沸水出现了异常，那可就要当心了。正因为如此，当地地震部门在"大滚锅"附近建立了火山监测网，用以监测火山爆发，一旦火山"苏醒"，监测人员就会提前知晓了。

离"大滚锅"不远，在山脚下的小河边，有一处热气直冲山腰。走近了，热气噗噗的声音越发清晰。整个山岩仿佛就是一个巨大的喷气嘴，热气四溢，激起十多米高的气浪。喷气孔处的岩石，已经被长年的水汽晕染上了一层白色的覆盖物，看上去就像张着大嘴吐气的蛤蟆。这里就是公园有名的景点——蛤蟆吐水。据科学家分析，"蛤蟆"吐水的地方，正好位于地热的出口，强大的地热急需泄出，但由于出口处十分狭窄，所以在巨大的压强下，激起了十多米高的热浪。

距离热海地质公园不远的马站乡，有一个个火山口。这里的火山，和"大滚锅"所在的火山一脉相承，它们可说是关系密切的"堂兄弟"。马站乡境内的火山，最著名的有三座，分别叫大空山、小空山和黑空山。顾名思义，这些山都是空心的，也就是没有"脑袋"的山。从空中鸟瞰，只见三座山由北向南一字排开，山与山之间相距有五六百米，山顶凹陷，犹如三只摆放在天地间的巨碗，令人惊叹不已。站在火山口边缘往下看，巨大的深坑横亘在眼前，坑的四周长着绿油油的松树，而坑底只有一些稀疏的灌木丛和干枯的荒草。坑底比较平坦，扒开荒草，下面出现了一块块火山石。这里的火山石有灰、红、黑等几种颜色，它们十分坚硬，上面有很多细小的孔，由于比重很轻，一个人可以轻而易举地举起一块大大的火山石。当地人把火山石叫作浮石，意思是把它们放到水里，石头也不会下沉。

火山口是如何形成的呢？原来，这个大坑所在的位置，有一个长长的通道和地下的岩浆相连，当火山喷发时，熔岩便从这里冲了出来。炽热的岩浆在地面上越堆越高，冷却后，便形成了这个圆圆的环形大坑了。从这个巨大的深坑可以想象：火山喷发时的能量多么强大！

腾冲火山群最近的一次喷发发生在几百年前，现在是它的休眠期。火山群还会不会喷发？何时喷发？科学家们目前还无法预测。

魔鬼的"肚脐眼"

火山是地球内部的炽热岩浆及伴生气体和碎屑物质喷出至地表，后冷凝堆积而成的山体。一般由岩浆通道、火山锥和火山口三部分组成。岩浆通道是指岩浆上升的通道，这个我们用肉眼没法看到。火山锥是火山喷发物在火山口附近堆积成的锥状山地，因为它们大多呈圆锥体，所以被命名为火山锥。火山口是指火山活动时地下高温气体、岩浆物质喷到地面的出口。它上大下小，常成漏斗状或碗状。下面，让我们一起去认识一下有魔鬼的"肚脐眼"之称的尼拉贡戈火山口。

尼拉贡戈火山是非洲中部刚果（金）境内的一座活火山，它海拔3470 米，距离刚果（金）北基伍省省会戈马市仅仅 10 千米，是非洲最危险的火山之一。历史上，尼拉贡戈火山多次喷发，可以说是一个祸害人间的魔鬼。

现在，咱们来看看尼拉贡戈火山的火山口，它的火山口最大直径2000 米左右，深约 250 米，是一个巨大的圆坑。与一般大坑不同的是，这个圆坑内有两层明显的环形平台，第一层环形平台距离火山口边缘有 500 米，第二层平台比第一层低 100 米。这两层平台可以说是火山喷发的历史印迹，它们代表了前几次喷发时熔岩曾经到达的高度：熔岩到达平台位置后，出不去了，于是就在这里冷凝、堆积下来，形成了熔岩平台。

站在火山口上，可以看到一缕缕烟雾从底部飘散出来。小心，这

些可不是一般的烟雾，它们是能置人于死地的二氧化硫。据统计，尼拉贡戈火山口每天释放的二氧化硫气体高达 5 万吨。有人做过对比，整个法国一年的二氧化硫工业产量，都比不上这座火山一天的喷发量！

好啦，让咱们把目光投向火山口的底部吧。原来那个散发烟雾的地方，是一个罕见的岩浆湖，透过烟雾你可以看到，那是一个圆盘状的家伙，直径大约有几十米，熔岩在里面不安分地动荡；时不时地，"圆盘"里会响起噼里啪啦的声音，岩浆随即像喷泉一样被高高抛起，随后又重重地跌落下来，激起一连串火星——这是岩浆湖中小规模气体爆炸造成的结果。那可是 1000℃以上的高温呀，即使掉一块石头进去，也会被瞬间熔化，不留一丝痕迹！

站在高处观察，你会发现这个火山口中的岩浆湖特别像肚脐眼。没错，它就是尼拉贡戈火山这个魔鬼的"肚脐眼"，一次次的岩浆喷发，一次次的火山灾难，可以说这个"肚脐眼"是罪魁祸首。如 1977 年的那次火山灾难，就是岩浆湖猛烈喷发，并且有史以来第一次漫过火山口形成的。

夜晚，是这个魔鬼的"肚脐眼"大放异彩的时刻，炽热、滚烫的熔岩撕破了夜的黑暗，它的反射光线还将整个火山口照得火红一片。

站在火山口边缘，可以清楚地听到下面的岩浆湖发出咕噜咕噜的响声，这响声像地球的脉搏，让人的身心情不自禁地跟着震颤起来。

尽管尼拉贡戈火山时刻充满危险，但火山口的那个"肚脐眼"还是吸引了很多人前去探险，这其中包括科学家、探险者和一般的旅游者。人们戏称：到火山口探险，是钻进魔鬼的肚子里玩命。

的确，要接近魔鬼的"肚脐眼"可以说太难了，火山口四周，是疏松而又异常陡峭的岩壁，有时那些崖壁还会冒出青烟。在火山口行走，最重要的是识别哪些地方可以安全踩踏，哪些地方潜藏着致命危险，因为稍有不慎，就可能坠下熔岩平台，直接滑入那个可怕的岩浆湖之中。这些危险包括岩石断裂处，以及可能喷发炽热、剧毒气体的地方。为了防止滑坠，人们必须在腰间拴上保险绳，摸索着，一步一步，小心翼翼地往下走。

从第一级平台下到第二级平台，越接近岩浆湖，面临的危险越大。站在第二级平台之上，脚下便是咕噜咕噜翻腾的火红岩浆，有毒的烟雾在岩浆湖上空飘荡，高温烤得人大汗淋漓。更可怕的是，你不知道这一大盆燃烧的岩浆何时爆发——进入火山口的人们只得听天由命了。

这个魔鬼的"肚脐眼"是如何形成的呢？原来，尼拉贡戈火山在多次喷发过程中，形成了这个巨大的火山口，再加上这个火山十分活跃，火山口下面的岩浆一直处于"兴奋"状态。这些岩浆从地底喷发出来后，力量不够，只能局限在火山口底部活动，从而形成了这个燃烧的岩浆湖。如果力量足够强大，这些岩浆便会从火山口漫溢出来，从而形成火山喷发的大灾难。

奇特的母子火山

一般来说，火山都比较有个性，每座火山都是独立"成家"的，不过，在菲律宾却有一对母子火山，"母子"俩的性格如出一辙，它们性如烈火，稍不如意便大发脾气。

有趣的是，这对"母子"还是世界上个子最矮的活火山呢。

在菲律宾的吕宋岛上，有一个叫塔尔湖的湖泊。塔尔湖全长20多千米，宽约15千米，面积300平方千米左右。这个风光旖旎的湖泊是火山喷发后的产物，也就是说，整个湖泊其实是一个巨大的火山口：地下岩浆多次喷发后，在喷口位置形成了巨大的凹形火山口，火山口蓄积了天上的降雨和地下水，日积月累，便形成了这个美丽的湖泊。说到这里，你可能会问："既然这个湖泊是火山口湖，那为什么看不到火山的影子呢?"算你问对了，这座火山就是大名鼎鼎的塔尔火山，它的最大特点便是个矮。塔尔火山是世界上最矮的活火山，它的相对高度只有200米左右。因此，外地人来到塔尔湖，如果不仔细观察，根本不会想到眼前碧波荡漾的塔尔湖便是火山口。据专家考察，塔尔火山已经不年轻了，它"诞生"在地质年代的第四纪，距今已活了几百万岁了。尽管年龄偏大，"身材"矮小，但塔尔火山仍然活力十足。在人类发现它，并把它载入历史的500年中，塔尔火山已经喷发了数十次，特别是1965年至1970年的这六年中，塔尔火山年年喷发，令人们对它不敢小觑。1976年，塔尔火山更是让人们真正见识了这位小个子的火暴性子，这一年火山不但喷出火红滚烫的熔岩，而且火山灰腾空而起，高达1500米，滚滚浓烟使天空满天阴霾。这次喷发之后，塔尔火山大概是累了，有十多年没有喷发，但在1991年，它又出现了震动、火球、轰隆声等火山喷发的迹象，让人们不禁捏了一把汗。

介绍完了塔尔火山的"身世"，咱们接着把目光投向塔尔湖。在湖的中央，有一座小岛。这座小岛可以用小巧玲珑来形容，它"身材"十分娇小，最高处的海拔不足300米。奇特的是，小岛的中间有一个面积约1平方千米的小湖泊，更奇特的是，湖泊之中还有一个小岛礁——它和塔尔湖一起，构成了湖中有山，山中有湖的美丽景观。

当地人给这个小岛取名为"武耳卡诺"，意思是燃烧的山。没错，武耳卡诺也是一座火山，它的"生身之母"便是塔尔火山。塔尔火山用巨大的火山口湖将武耳卡诺轻轻揽在怀中，就像一位慈祥的母亲怀抱着娇弱的爱子。这对母子火山，还特别像澳洲的袋鼠：袋鼠妈妈的育儿袋中，装着一只活泼可爱的小袋鼠。

大概是"遗传"的缘故吧，武耳卡诺与"母亲"塔尔火山一样，性子十分热辣火暴，动不动便像母亲一样大发脾气。在武耳卡诺小岛的顶端，人们发现有几个喷火口，其中的一个喷火口内蓄积了不少降雨和地下水，形成了一个小湖泊，也就是之前咱们提到的那个小湖泊。不过，毕竟"年幼体弱"，武耳卡诺喷发时的威力与"母亲"塔尔火山

相比就要差得多了。

　　这种母子火山的情形十分罕见。可是，武耳卡诺真的是塔尔火山所"生"的吗？回答是肯定的。

　　塔尔火山过去多次喷发，火山口不断扩大，当它停止喷发后，火山口便积水成了湖泊。多年后，火山再度喷发，不过喷发的规模并不大，喷出的熔岩也没有流出火山口，而是冷凝后堆积在湖底。随着一次又一次的小喷发，熔岩越堆越多，终于，在1911年的那次喷发中，熔岩露出了湖面，武耳卡诺也就"呱呱坠地"了。

　　据专家考察，塔尔火山和武耳卡诺母子俩的年龄相差很大："母亲"已经经历了几百万年岁月的洗礼，按照火山家族的寿命计算，塔尔火山应该算是进入老年了；"儿子"武耳卡诺却只有一百来岁，只能算是一个尚在襁褓之中的婴儿。老来得子，这也难怪塔尔火山对武耳卡诺宠爱有加，要将他紧紧搂在怀中了。

　　今天，人们来到塔尔湖游玩时，都会乘船去湖上溜上一圈，看着这对母子火山相互依偎的情景，相信每个人都不难理解母子情深的深刻含义了。同时，人们的心里也会浮现这样的疑问："假如某一天塔尔火山消亡成了死火山，武耳卡诺还能独自生存下去吗？"

水与火的交锋

　　在广阔无际的太平洋上，有一串珍珠般美丽的岛屿，这便是夏威夷群岛。这些岛屿是火山喷发的产物，时至今日，岛上的火山仍在喷吐着红红的熔岩。

　　当炽热的熔岩流进冰凉的海水中时，水与火的碰撞，形成了一簇簇美丽壮观的大自然奇景。

这其中的冒纳罗亚火山，它不但是夏威夷的最高山，而且还是世界上的最高峰——不对吧，世界最高峰不是珠穆朗玛峰吗！

冒纳罗亚火山的海拔只有 4205 米，与珠穆朗玛峰的 8844.43 米相差甚远，但如果追根溯源，算上它的根基，那珠穆朗玛峰就差老远了。原来，冒纳罗亚火山是从深 6000 米的太平洋底部耸立起来的，如果算上这份"老本"，冒纳罗亚火山的高度应该是 10205 米，它是不是比珠穆朗玛峰高多了？

那么，冒纳罗亚火山是如何从太平洋底部冒出来的呢？要知道，在深达 6000 米的大洋中一点一点地"成长壮大"，直至露出水面，可不是一件容易的事。不过，俗话说"聚沙成塔，集腋成裘"，冒纳罗亚火山正是遵循了这一规则。它不断地喷出火红的岩浆，这些岩浆遇到冰冷的海水，很快便冷却下来，变成火山根基的一部分。每喷一次，火山就往上长一点……勤奋的冒纳罗亚火山喷发了整整 70 万年，终于从大洋深处冒出了脑袋，它和其他火山通力合作，一起形成了今天的夏威夷群岛。

自 40 万年前露出海平面后，冒纳罗亚火山并不满足，时至今日，它仍一直不停地喷发。不断倾泻的大量熔岩，使得这座大山逐渐变大，原本瘦弱的"腰身"也变得丰满起来了，目睹了熔岩的巨大力量后，人们心悦诚服地称它们为"伟大的建筑师"。

来到冒纳罗亚火山前，你肯定会被眼前的景象所震惊：熔岩流过的地方，冷凝后全是灰黑色的凝固物，它们一层一层地覆盖在地面上。放眼望去，山坡上全是这些坚硬的覆盖层，上面寸草不生，毫无生机，就像传说中的外星球世界。

在火山的中心，红红的熔岩时刻不停地从地底深处喷涌出来。远远看去，只见熔岩像沸腾的铁水般不停翻滚，偶尔有断落的岩层掉进熔岩里，顿时溅起几十米高的火龙，令人触目惊心。火红的熔岩从火山口溢出来，一路沿着山坡向下流，前面的熔岩凝固了，后面的便从它身上翻过去，持续不断地向前推进。这些熔岩的温度高达上千摄氏度，就像一条伏卧而行的火龙，景象十分壮观。熔岩流啊流，越过小山，淌过平地，走过几十千米的路程，一直流到海岸边，最后熔岩流进海里，与海水激烈交锋，发出巨大的咆哮声和怒吼声，并最终被大海吞噬。

为了拍摄熔岩与海水交锋的情景，摄影师曾冒着生命危险潜入海中，用镜头记录下了熔岩入海后的过程：火红的熔岩进入海中后，与其接触的一小部分海水在瞬间便汽化了，这些蒸汽蓄积了大量的压强，但由于时间太短暂了，它们来不及飘散，只能用爆炸的形式来释放自我。这就是熔岩流入海中后咆哮的缘故。火红的熔岩进入海中后并不会很快熄灭，它们一边与海水搏斗，一边挣扎着向前滚进。海中的红色熔岩看起来给人一种神秘、诡异的感觉。熔岩所过之处，总是伴随着爆炸声和猛烈的气泡，直到最后熔岩被海水完全浇熄为止。不过，前面的熔岩熄灭了，后面的熔岩又接踵而至，新一轮的搏斗又开始了——冒纳罗亚火山正是凭这种前赴后继、不屈不挠的精神征服了大海，从而从海洋深处冉冉升起。

今天，在冒纳罗亚火山及其他火山的共同作用下，夏威夷群岛的面积还在不断扩大。

火山喷发咋回事

通过前面的介绍，咱们对火山有了一个比较具体的认识，现在回过头来说说火山喷发。

火山喷发，是指岩浆等喷出物在短时间内从火山口向地表释放的过程，它是地球内部热能在地表的一种最强烈显示。电视上，我们有时会看到火山喷发的可怕场景：火山灰冲天而起，形成一团硕大无比的蘑菇云；火红的熔岩四处喷射，所到之处灰飞烟灭……也许你会问："没谁招惹它，火山怎么会无缘无故发火呢？"

其实这都是地球内部自然形成的。我们都知道，地表下的深度越深，温度越高，在地壳下 100～150 千米处，那里的温度通常高达 700～1200℃。大部分岩石被熔化后，成为液态的炽热熔体。这些炽热的岩浆如果静止不动，是不可能喷发的，可是它们和一些可怕的气体一起，在地球绕太阳公转的过程中，总是处于不安分的运动状态，再加上岩浆结晶或发生其他物化反应时，会产生水、气等物质，形成膨胀挤压力。在巨大压力作用下，岩浆和气体不停向上推挤，与此同时，它们又承受着坚硬地面施加的反作用力。当它们再也承受不住来自内外两方面的压力时，就会嘭的一声喷出地面，于是火山喷发便形成了。

如果你还不明白，就试着想一想用高压锅煮饭的情景吧，当你拔掉高压锅的气塞时，里面是不是会冲出一股炽热的水蒸气，同时会听到水蒸气喷出的咝咝声？没错，火山喷发的原理和这个差不多。

不同的火山，脾气不同，喷发时的表现也不一样。有些火山脾气十分火暴，它们"肚子"里的岩浆十分浓稠，而且含有大量气体，因此喷发时会发出巨大的响声，并向天空喷出滚烫的岩浆及伴生气体和碎屑物质，这类火山最可怕、最危险，破坏力也最强。有些火山则比较温柔，它们体内的岩浆相对稀薄，流动性也比较好，气体也容易从里面冒出来，因此它们的喷发不会太剧烈，这类火山的危害相对较小。不过，火山的脾气都不是一成不变的。有的火山刚诞生时脾气不好，成熟后反而变温柔了；有的火山刚出生时脾气很好，长大后反而变得很差；有的火山则脾气古怪，时而火暴，时而温柔，令人捉摸不透。

总体来说，火山喷发可以分为两大类。第一大类叫裂隙式喷发，它是指岩浆沿着地壳上的巨大裂缝溢出地表，这类喷发没有强烈的爆炸现象，岩浆从地下溢出来后慢慢流淌，冷凝后形成大片大片的熔岩台地，外表上也看不出火山的模样。这种台地在中国四川的峨眉山和河北的张家口都有分布，不过，在欧洲的冰岛更多，而且现在那里还时常能见到这种火山喷发，所以又被称为冰岛型火山。第二大类叫中心式喷发，这种火山喷发的特点，是地下岩浆通过管状火山通道喷出地表，也就是说，它们喷发后常常形成火山锥。

现代火山喷发大都属于中心式喷发，根据喷发的强度又可分为九种形式，中心式喷发也是火山灾难的始作俑者。

火山喷发时的种种表现

如果说裂隙式喷发只是火山喷发的一种温柔形式，那么中心式喷发便是它们生气时发火的表现了。

正如我们人类生气时有微怒、轻怒、大怒、暴怒、狂怒之分一样，火山发火时的轻重程度也各不相同。

咱们先来看看微怒型火山。这类火山喷发被称为宁静式喷发，顾名思义，它们喷发时表现得比较宁静：大量炽热的熔岩从火山口慢慢溢出来，无声无息地在山间缓缓流动，仿佛煮沸的米汤从饭锅里慢慢溢出来——从温柔的外表来看，这类火山与裂隙式喷发的火山比较相似，不同之处是它们有火山锥，也有火山口。微怒型火山不惹事，不害人，人们就可以在安全距离内尽情欣赏它们。这类火山的代表在夏威夷，若有可能，你可以去领略一下这种大自然的奇观。

再来看轻怒型火山。这类火山喷发被称为中间式喷发，它们喷发时的威力不大，有时火山口虽然也有爆炸发生，但爆炸力并不大，因此对人类来说并无大碍。不过，轻怒型火山也有不好的一方面：它们"生气"的时间比较长，可以连续几月甚至几年持续喷发，有时还会伴有间歇性的喷发，所以也不能靠近它们。这种火山以地中海的斯特朗博得火山为代表，它位于意大利西海岸的利帕里群岛上，每隔2～3分钟便会喷发一次，一到夜间，50千米外的地方都可看到火山喷发的光焰，所以有人称它为"地中海灯塔"。

大怒型火山喷发又叫爆裂式喷发。光听名字就知道了，它们喷发时会产生猛烈爆炸，同时还会喷出大量伴生气体和碎屑物质。这种火山一旦喷发，往往会给人类带来灾难。如1902年12月16日，西印度群岛的马提尼克岛上的培雷火山发生爆裂式喷发，无数炽热的岩浆和大量浮石、火山灰一起喷出地面，造成了26000人死亡，这场惨痛的灾难震惊了整个世界。

接下来看暴怒型火山。这类火山有三种喷发方式：一种叫武尔卡诺式，它能将炙热的岩石和火山灰喷到20千米以上的高空，并给人类造成很大的灾难；另一种叫苏特塞式，它一般在浅海海底反复喷发，因为岩浆与海水接触会产生爆炸，所以声势比较吓人；还有一种叫超级武尔卡诺式，它是武尔卡诺式的加强版，可以喷出巨形岩块，看上去十分骇人，同样也会造成大灾难。

最后，我们来看看狂怒型火山。这类火山同样有三种喷发方式：第一种叫普林尼式，它是现在最强大的一种火山喷发形式，这种火山

"狂怒"时，会发出惊天动地的响声，将大量的碎屑物质和伴生气体喷射出去，并将火山灰喷洒到 45 千米以上的高空。当火山灰覆盖大片区域时，数千千米以外的人们都会深受其害；第二种叫超级普林尼式，它是极为罕见的一种火山喷发形式，其规模是普林尼式的 10 倍，喷出的火山灰可以覆盖全球。这样的火山一旦喷发，就会造成全球性的灾难；第三种叫泛布玄武岩式，它是火山喷发导致整个大陆被熔融岩石覆盖的一种委婉说法，意思就是说，这种喷发的规模非常庞大，一旦发生整个陆地都将被火山熔岩冷凝后的岩石——玄武岩覆盖。你可以想象，这是多么可怕的灾难！

超级火山的威胁

上面我们讲了火山发火的九种表现形式，其中的狂怒型火山虽然极少喷发，但一旦喷发就会造成巨大灾难。英国科学家甚至认为，超级火山喷发会毁灭人类。

所谓超级火山，是指能够引发极大规模喷发的火山，这种极大规模喷发能瞬间改变地形和全球气候并带来全球性的灾难。科学研究指出，在人类文明出现前，地球曾经历过超级火山喷发的大规模灾难，而在距今 7.4 万年前，苏门答腊岛的火山超强喷发，曾导致全球气候变冷和北半球四分之三的植物毁于一旦。

可以说，超级火山的威胁是恐怖的，而目前人类最大的威胁来自于一个令人意想不到的美丽地方——美国黄石国家公园。

黄石国家公园是世界第一座国家公园，面积近 9000 平方千米。这里山川秀丽，潺潺流水，湖泊众多，其独特的自然景观和原始风貌享

誉全球，被誉为"地球表面上最精彩、最壮观的美景"，每年都有几百万的游人来到这里，领略黄石国家公园的旖旎风光。

黄石国家公园最美的地方，当数那些数量众多、别具一格的喷泉景观。无论冬天还是夏天，无论天晴还是下雨，所有间歇泉像集体舞者，每隔一定时间喷发，一会儿跃向天空，一会儿落回地面，似乎从不感到厌倦与疲惫。

不过，来这里游览的人们怎么也不会想到，这些间歇泉的喷发竟然来自于火山热能源的驱动。更不会想到自己站立的地下，竟然埋藏着巨大的火山能源——岩浆库。据科学家探测，这个岩浆库的直径约70千米、厚10千米，岩浆库距离地面最近处仅为8千米，并且还在不断膨胀。可以说，它就是一个超级大"核弹"，时时刻刻都在散发炽热的能量。这个大"核弹"一旦引爆，全世界都会为之震撼。

根据勘探研究，专家们测算出了黄石国家公园地下大"核弹"爆炸的周期：每60万～80万年，黄石超级火山群便会大爆发一次，在过去210万年时间里，火山群大规模喷发次数共有3次。事实上，我们今天看到的黄石国家公园，就是火山群在64万年前的一次剧烈喷发

中形成的。今天，黄石超级火山群距离上次喷发时间已经有 64.2 万年了，这标志着这座世界上最大的超级活火山群已经进入了红色预警状态，专家指出，即使没有任何外力干预，比如太阳活动或人工钻探，它也随时可能会喷发。

这个大"核弹"一旦爆炸，会带来什么样的后果呢？英国科学家曾用计算机进行了模拟实验，向我们展现了黄石超级火山群爆发的后果：火山群一旦大爆发，很短时间内，火山周围 1000 千米范围内，百分之九十的人都无法幸免于难，大部分人将会因吸入的火山灰在肺部固化而死亡；美国四分之三的国土将可能面目全非；3～4 天内，大量火山灰就会漂过大西洋，到达欧洲大陆，一周之内，亚洲、非洲等大陆也将迎来火山灰。大量火山灰飘浮在天空，将会使地球的年平均气温下降 10℃，北极地区则会下降 12℃，酷寒气候将至少持续 6～10 年，届时，地球上的所有动植物都会受到严重影响。

今天，科学家们正严密监视着黄石超级火山群的动向，这个大"核弹"是否爆炸，何时爆炸，目前谁也说不清楚。

消失的庞贝古城

火山猛烈喷发时，往往会给人类造成巨大灾难。下面咱们通过一个历史事件，去了解一下火山喷发灾难的惨烈状况。

公元 79 年八月初，古罗马帝国第二大城市庞贝，一场灾难正悄悄向人们逼近。

这场灾难，来自一座名叫维苏威的大山。维苏威是意大利南部的一座活火山，它位于意大利南部那不勒斯湾东南 10 千米处。当时人们并不知道，这座海拔 1277 米的大山，其实是一座休眠火山。这年 8 月，维苏威大山周围的地区发生了多次震颤，数口水井干涸了，躁动异常、惊慌不安的马和牛群，以及出奇安静的鸟似乎在向人们预示着什么。

8 月 23 日夜晚，一股股黑烟从火山口冒出，下风处的地上铺上了薄薄的一层黑灰，但这并没有引起人们的太多重视。到 24 日下午一点钟左右，火山开始显露出狰狞的面目。瞬间，火山喷出的火山灰遮天蔽日，灼热熔岩四处飞溅，随着巨大的爆裂声，熔岩以极快的速度向大气层喷射。浓浓的黑烟，夹杂着滚烫的火山灰，铺天盖地降落到这座城市，令人窒息的硫黄味在空气中弥漫，顷刻间，这座古罗马的第二大城市，便被厚约数米的熔岩和火山灰毫不留情地掩埋了。

一位名叫普林尼的小男孩目睹了这场惨烈的灾难，他当时在距庞贝三十多千米的地方。普林尼长大后撰写了 37 卷自然百科全书，成了罗马帝国的伟大人物之一。他以目击者的身份详细地记述了这场灾难的全过程："天空中的云团，先是像树干一样，然后从顶端发散出分杈，酷似一棵松树，颜色时白时黑，黑白相间，好似含有尘土和火山渣。"与此同时，庞贝和附近的庄园，已经变成了一个令人恐慌的世界。伴随高空气流而至的云团将一切都笼罩进黑暗之中。然后，无休止的岩屑雨接踵而至，很多人丧生在岩屑雨之下。短短十几个小时内，维苏威火山共喷发出超过 100 亿吨的浮石、岩石和火山灰，火山灰几乎覆盖了庞贝城（最深处达 19 米）。这座建于公元前 6 世纪，曾被誉为美丽乐园的繁荣古城庞贝，就这样从地球上消失了。火山喷发后好长时间才冷凝下来。大劫后，上百公顷林场、草场以及与林地接壤的繁华庞贝城都不见了，只剩下火山熔岩冷凝后留下的一条一条像河流的长长焦土地带，周围一片死寂，静寂得让人生忧。根据科学家测算，这次火山喷发持续了三十多个小时，喷发到地面的物质大约有 3 立方千米，史称"庞贝爆发"。

即使是现代，火山造成的灾难也十分可怕。1985 年 11 月 13 日，伴随地面震动，哥伦比亚的鲁伊斯火山突然喷发。由于火山顶平时覆盖着厚厚的积雪，火山喷发时，炙热的火山气体和熔岩使积雪融化，形成了可怕的泥流。泥流一路飞奔，沿途不断"捕获"泥土和岩石，形成了浩浩荡荡的泥石流大军，并以 48 千米每时的速度冲向有人居住的河谷。所过之处，一切东西全被摧毁。哥伦比亚的阿美罗虽然距离火山口 74 千米，但火山喷发后仅仅两个半小时，可怕的泥浆和石块便已经兵临城下，短短几分钟内，泥石流席卷整个阿美罗，使得该镇四分之三的人丧命。据统计，此次火山造成的死亡人数高达 2.5 万人。

火山的危害可以说骇人听闻。据统计，在近 400 年的时间里，火山喷发已经夺去了大约 27 万人的生命。因此，科学家将火山灾害列为世界主要自然灾害之一。

致命火山灰

火山喷发除了造成直接灾难外，讨厌的火山灰还会造成间接灾难，有的时候，这种间接灾难更加可怕。

火山灰和火山气体被喷到高空后，会随风飘散到很远的地方。它们遮住阳光，导致气温下降，对气候造成极大的影响，昏暗的白昼和狂风暴雨，甚至泥浆雨都会困扰当地居民长达数月之久。

1783 年，冰岛的拉基火山在地震中喷发，形成有史以来规模最大的熔岩流，火山喷出的熔岩量高达 12 立方千米，覆盖了约 564 平方千米的区域，当时形成了一条约 25 千米的长裂沟，使绳状熔岩流延伸约 64 千米之远。拉基火山间歇性喷发共持续了 4 个月才平息下来。

火山喷出的氟气以氢氟酸的形式降落到冰岛陆地上，强烈的酸性使大量的牲畜死亡，冰岛有一半的马和牛、四分之三的羊死亡。由于缺乏食物，整个冰岛出现了可怕的大饥荒，全国处于一片混乱之中，抢劫行为日益猖獗，最终导致四分之一的冰岛人死于饥饿。火山喷发出的二氧化硫还漂洋过海，弥漫到更远的地区，使得整个欧洲被厚厚的雾气笼罩，火山灰霾则肆无忌惮地在地面降落，致使数千人死于高温。炎热的夏季过后，随之而来的就是漫长而寒冷的冬季。北半球大部分地区的温度较往年低 4~9℃。西伯利亚和阿拉斯加经历了 500 年来最冷的夏季，农作物大量减产，可怕的饥荒在所有地区蔓延。由于拉基火山喷发，冰岛共有大约 9300 人丧命，而全世界死亡的人数是这一数字的 10 倍甚至更多。

在火山地震较为频繁的印度尼西亚，火山危害也十分惊人。1815年4月，印度尼西亚的松巴哇岛北部的坦博拉火山发生了人类历史上最猛烈的一次火山喷发，喷发出的气体和火山灰持续了三个多月。火山灰连续三天在480千米的范围内遮蔽了天空，有时甚至伸手不见五指，其声音远在1600千米以外的苏门答腊都能清楚地听到。有人估计，这次火山喷发出的物质总体积有150～300立方千米，其中火山灰有80～100立方千米，喷入到大气层中的火山灰总量约为五六百亿吨。

火山灰弥散到空中，还会对航空业造成极大影响。2010年3月，冰岛埃亚菲亚德拉火山喷发后，火山灰肆虐欧洲，迫使很多机场关闭，航班取消，对世界的航空运输造成了极大的影响。5月8日这天，仅西班牙便关闭了北部地区19座机场，取消超过400架次航班，致使将近4万名旅客滞留，而葡萄牙首都里斯本、法鲁等城市当天也取消了上百架次航班。中国国航和东航当天也推迟或取消了部分前往或往返欧洲的航班。

专家指出，火山烟尘十分细微，无孔不入，而且烟尘中氟含量非常高，一旦它们从高空降落到地表，将会对人类健康产生很大影响，人们的眼睛、鼻子和喉咙可能受到火山烟尘中所含的氟与硫黄的刺激，罹患疾病。

火山也能做好事

火山喷发会毁灭城市和乡村，造成人畜伤亡，并且破坏环境，对气候造成影响，但火山喷发是把双刃剑，它也能给人类带来意想不到的好处。

这是真的吗？

先说说火山做的第一件好事。火山虽然爱搞破坏，但它在破坏原有地貌的同时，往往会塑造出更加惊艳美丽的地球风光来。这方面的代表，莫过于黄石国家公园。前面我们已经说过，黄石国家公园最美的地方是喷泉景观，据统计，公园内共有3000多处温泉、泥泉和300多个间歇泉，热喷泉数量为世界之最。这些间歇泉喷射出的沸腾水柱，冒着滚滚蒸汽，伴随着巨大的响声冲天而起，有的能喷到近100米高。在阳光的照射下，喷泉水柱从高处跌落，如花朵般绽放，在湛蓝的晴空下美不胜收。这其中，最有名的是"狮群喷泉"和"老忠实泉"。"狮群喷泉"是由4个喷泉组成，每次水柱喷出之前，喷孔内都会发出嗷嗷嗷的声音，仿佛狮群在齐声吼叫，吼声过后，4根白亮亮的水柱齐齐射向空中，其情其景煞是好看。"老忠实泉"是一处很有规律的喷泉，从被发现到21世纪的100多年间，它的喷发总是很"忠实"：每隔33～93分钟喷发一次，每次喷发持续四五分钟，水柱高约40米，从不间断。

公园内的温泉也特别有名，其中一个叫大棱镜的温泉更是绚丽多姿。这处温泉宽有75～91米，深49米，每分钟，泉孔就会涌出大约2000升、温度为71℃左右的地下水。更绝的是，大棱镜温泉的湖面颜色会随着季节而改变：春季，湖面由绿色变为橙红色；夏季，湖面显现为橙色、红色或黄色；冬季，湖面呈现一池深绿。原来，这是因为湖水富含矿物质，里面生活着藻类和含色素的细菌等微生物，这些微生物体内的叶绿素和类胡萝卜素的比例，会随着季节变换而改变，所以水体能呈现出不同的颜色。

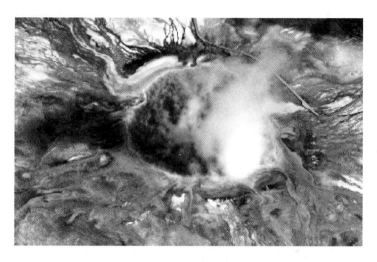

海底火山喷发还能形成新岛屿，如太平洋中部的夏威夷群岛就是火山喷发形成的火山岛。夏威夷群岛共有大小岛屿 132 个，它们组成的形状，很像一块大大的三明治，岛上风光十分优美，是人们争相前往的度假胜地。直到今天，岛上的一些火山口还经常喷出红红的熔岩，而岛的面积也在不断增长。此外，火山喷发还会形成湖泊、山脉等，中国的长白山天池、五大连池等都是火山喷发的产物。

火山做的第二件好事，是为人类提供丰富的地热资源。如在冰岛，人们利用地热发电和取暖，建温室大棚种蔬菜等。现在有 85% 的冰岛人利用地热取暖，首都雷克雅未克更是全部利用地热。从专门的地热区输送来的热水是由一条很长的管道输送到城里，给城里的居民们提供充足热量，帮助他们度过漫长寒冷的冬季。据统计，仅首都雷克雅未克一年内就要用掉 5000 多万吨热水，相当于每个人每年省下了两吨石油的能源量。

火山能干的好事还多着哩，比如厚厚的火山灰能使土地变得更肥沃，让牧草或庄稼长得更好，帮助提高农牧业的产量。此外，火山活动还可以形成多种矿产，就连大名鼎鼎的钻石，其形成也和火山密切相关。

火山喷发
前兆

报信的圆丘

火山喷发前，由于高热的岩浆在地下大量聚集，所以往往会出现一些异常的现象，它们被称为火山喷发前兆。

咱们先去看一座叫圣海伦斯的火山喷发前出现的异常现象。

圣海伦斯火山是美国华盛顿州斯卡梅尼亚县境内的一座活火山，它呈圆锥形，山体由熔岩、火山灰、轻石和其他沉积物交替层叠堆积而成。虽然是活火山，但从 19 世纪 40～50 年代的活跃期后，圣海伦斯火山便偃旗息鼓，整整沉睡了一个多世纪。

由于一百多年都平安无事，人们渐渐淡忘了火山爆发的危险，而美丽独特的风光更是吸引了无数人来这里定居。随着旅游业的兴起，圣海伦斯火山更是成了人们观光游览的首选之地，每年都会有大批游客来这里休闲度假。这种情形一直持续到 1979 年。

1979 年 10 月的一天，一个叫亨利的导游带着数十名游客到火山口附近游览，当大家走到北坡一带时，亨利突然停下脚步，奇怪地围着一个土堆徘徊起来。

这个土堆呈圆形，面积大约有一个桌面大，它高出地面约有 60 厘米，看上去像一顶巨大的草帽倒扣在地上，又仿佛是地底下长出的一朵硕大蘑菇。

"这个土堆有什么奇特之处？"一名游客问亨利。

"没有什么奇怪的，它就是一个平平常常的土堆。"亨利轻轻摇头。

"那你干吗老盯着它看呢？"

"我之所以感到奇怪，是因为十天前我带游客来这里时，这里还一无所有。"

"这么说，这个土堆是最近才出现的。"游客们围着土堆看了半天，有人说是蚂蚁筑的巢穴，有人说是一种叫穿山甲的动物干的坏事。议论一阵后，亨利便带着大家下山了，他虽然心里觉得好奇，但也没怎么放在心上。

半个月后，亨利又带着另一批游客来到火山口附近游览。隔着老远，他便看见北坡的那个土堆高高耸立在那里。与前次相比，土堆的面积增大了将近一倍，高度也增加了不少。咦，土堆怎么变大了呢？这下亨利真的觉得奇怪了，不过，与大多数人一样，他也没把它往坏处想，相反，这个土堆还成了他向游客们介绍的一个奇异景点。

在一批又一批游客的见证下，火山口附近的这个土堆就像被施了魔法般，一天比一天高，一天比一天大，最快时它每天增高45厘米，其疯长速度令人吃惊。渐渐地，这个土堆变成了一座圆形的小山丘。半年后的1980年4月，小圆丘至少向火山口方向扩展了82米，并逐渐与火山口连在了一起。4月7日，火山口达到了520米长、370米宽。其后的日子里，圆丘增长的速度更加惊人，它以每天 1.5～1.8 米的速度增高，到 5 月中旬时已经向北延伸超过 120 米，体积增加了 0.13 立方千米，变成了一座数十米高的山体。

火山口附近的这个怪异圆丘很快引起了科学家们的关注，4 月下旬，多名美国地质调查局的专家到火山口考察后，宣布圆丘有巨大危险，并说服当地政府暂时关闭圣海伦斯火山，不再向社会公众开放。进入 5 月，火山口的形势越发危急，在科学家的劝说和政府的组织下，大部分当地居民撤离了这一地区。

5 月 18 日上午，圣海伦斯火山终于爆发了：先是地震震塌了新形成的圆形山丘，引起了山体坍塌，紧接着火山口发生猛烈爆炸，引起了更大规模的山崩，其喷发出的火山灰和碎屑体积达到了 2.3 立方千米。这次火山喷发共造成 57 人死亡，250 座住宅、47 座桥梁、24 千米铁路和 300 千米高速公路被摧毁，是美国历史上死亡人数最多、经济损失最为惨重的一次火山爆发。

不过，由于火山喷发前的圆丘"预报"，数千人逃过了劫难，但也有一些人因为不信邪而白白送掉了性命，这其中便包括 84 岁的旅馆主人哈利·杜鲁门。杜鲁门已经在圣海伦斯火山下居住了 54 年，在火山即将喷发之际，尽管地方政府反复劝告，他还是拒绝撤离，结果不幸成了 57 名遇难者中的一员，火山喷发后，他的尸体也一直没有找到。

圆丘为什么能预报火山喷发呢？专家指出，火山喷发前，岩浆往往会从下面向外挤压，在火山的一侧产生一个可看得见的圆丘。随着岩浆活动加剧，圆丘隆起会更加明显，并且变得更不稳定，直到最后发生崩溃，产生巨大爆炸并释放压力。

如果我们到火山景区观光旅游时，发现火山上有突然产生的地表隆起，形成土堆或圆丘时，一定要高度重视，因为这表明地下的岩浆活动正在增强，此时最好离它远远的，以避免火山喷发带来的危害和灾难。

警惕地裂缝

火山喷发前，地表出现异常情况的还有一种现象，那就是地裂缝。

地裂缝，就是地面上出现的裂缝。这类现象的代表，当属阿拉斯加的卡特迈火山。

阿拉斯加位于北美洲的西北部，这块面积 171.79 万平方千米的辽阔土地景色优美，风光迷人，不仅是野生动物的天堂，而且还是旅游胜地。不过，阿拉斯加也是个危险的地方，因为那里有 70 多座潜在的活火山，其中便包括卡特迈火山。

卡特迈火山位于阿拉斯加半岛和大陆相连部位的东侧，海拔 2047 米，远远望去，圆锥形的山顶上覆盖着皑皑白雪，似乎一位顶着白发的老人矗立在荒野中。

1912 年 5 月的一天，一支科学考察队走进阿拉斯加，来到了卡特迈火山附近的地区进行科考。带队的是一位叫杰姆的地质学家，此前他曾到过阿拉斯加的其他地区，但到卡特迈还是第一次。

整个阿拉斯加人烟稀少，而卡特迈火山所在的山区更是人口寥寥无几。科考队在荒野中跋涉了几天，好不容易才找到一个牧民的帐篷。闲聊中，这个牧民告诉科学家们，前面的山脚下发生了怪事：地面上不知为何出现了许多裂缝，并且从里面冒出气体，有的地方还有灰沙喷出来。

"那些裂缝是什么时候出现的?"杰姆问。

"大概就在前天吧，"牧民说，"今天上午我还去看了，地裂缝的范围在不断扩大，山脚下十几千米外的地方都有了。"

杰姆和队员们商量了一下后，决定立即前去山脚下考察。他们刚走到山脚下，便看见地面上密布着大大小小像蛇一般的裂缝，小的只有几厘米宽，而大的则有半米左右。这些裂缝确实如牧民所说，里面冒着缕缕白气，有的还在往外噗噗喷吐灰沙……远远看去，这些冒气吐沙的裂缝显得十分诡异。

队员们小心翼翼地在裂缝密布的地面上行走，他们发现地裂缝几乎围着巨大的山脚绕了一圈，越靠近山体，地裂缝越密集，裂缝口越大。走着走着，大家心里的不安情绪越发凝重起来。

"这些裂缝是否说明下面的地质状况发生了改变?"有队员问道。

"应该是这样，因为这座山是火山，所以它们很可能是岩浆活动造成的。"杰姆担忧地说，"岩浆一旦进入活跃期，火山喷发的可能性就很大……"

科考队实地考察后，一致认为眼前的这座火山近期很可能就会喷发，不过，何时喷发谁也说不清楚。结束了这里的考察后，他们便离开了这一地区。临走时，队员们告诫这一带的牧民，要他们赶紧撤出这里。

一个月后的 6 月 6 日早晨，卡特迈火山果然喷发了。喷发持续了两天两夜，一共喷出了 290 亿立方米的物质，相当于 138 条巴拿马运河的开挖量；炽热的熔岩奔流 24 千米，沿途的一切全被烤成焦炭；火山灰覆盖的厚度 30 厘米以上的地区达 7800 平方千米，40 多个山谷覆盖的厚度达 90～213 米，如月球一样毫无生命。另外，喷发时的大爆炸还使地表产生了许多长长的裂缝，一股股烟雾从裂口中吼叫着喷涌而出。直至今天，这些烟雾仍在不断喷涌，因此被人们称为"万烟谷"。

不难想象，当时周围的牧民如果没有撤走，其后果将会是什么！而挽救这一切的地裂缝可以说功不可没。

除了地裂缝和前面所说的圆丘，火山喷发前地面还会出现塌陷现象，如 1980 年 10 月，冰岛的克拉夫拉火山喷发前，地面便发生了沉降。这些现象都与岩浆活动有关。专家指出：当火山及附近地区出现地裂缝或塌陷现象时，一定要高度重视，特别是到火山景区旅游时更要当心。

当心异常气味

火山喷发前，火山口及山体附近的蒸气喷孔、泉眼等往往会出现异常现象，如冒出的气体有异味或者有颜色等等。重视这些现象，是避免火山灾难的预防措施之一。

御岳山是日本百座名山之一，这座火山海拔 3063 米，是日本受尊崇程度仅次于富士山的名山，每年都有大批游客登上御岳山观光和朝拜。

2014 年 9 月 27 日中午 11 时 53 分，美丽的御岳山火山突然喷发了，山上轰响如雷，山石乱飞，火山灰遮天蔽日，200 多名游客猝不及防，被突如其来的灾难吓得不知所措……此次喷发共造成 48 人死亡，是日本二战以来死亡人数最多的火山灾难。

在这次火山喷发之前，日本气象厅等相关部门并没有观测到御岳山有山体膨胀等火山喷发的前兆。虽然进入 9 月上旬以后，御岳山连续多日出现地震，但 9 月 12 日以后地震次数明显减少，而且历史上也曾多次出现"光地震、不喷发"的情况，因此御岳山火山喷发的预警被一直维持在了代表"平常"的一级状态。

事后人们在回顾这场灾难时，发现火山喷发之前，大自然其实已经向人类发出了某种警示，可惜当时并没有引起足够的重视和警觉。

铃木一光是长野县木曾町一家膳宿旅馆的老板，除了接待游客外，他同时还兼职担任登山向导。御岳山火山喷发 5 天前的 9 月 22 日上午，铃木一光带领一群游客去登山。当走到御岳山继母峰东南时，他忽然看到前面的山谷间升腾起一股白烟。白烟似云非云，似雾非雾，慢慢扩展，看上去十分怪异。

"这股白烟是怎么回事？"有游客也注意到了山谷里的白烟。

"我也说不清楚。"铃木一光摇了摇头，说实话，他心里也感到十分奇怪。

说话间，他们已经走到了白烟笼罩的区域内，置身其间，大家闻到烟里隐隐有股呛人的臭味，有人皱起了眉头，有人轻轻咳嗽起来，而大多数人则赶紧跑出了白烟笼罩的区域。铃木一光也闻到了臭味，不过他没有把白烟和火山联系起来，再加上当时急着带游客赶路，他并未将这事放在心上，回来后也没对任何人说起过——直到 5 天后火山喷发，他才恍然大悟。

另一个闻到臭味的人名叫濑古文男。在御岳山上有一些专供游客临时休息的山地小屋，而濑古文男就是这些山地小屋的管理者。火山喷发前几日，濑古文男在自己的小屋周围，总是闻到一股硫化氢的臭味。这股臭味让他坐立不安，刚开始他以为是屋外的垃圾发臭散发出来的味道，然而他找遍了四周，都没有发现散发臭味的垃圾的影子。正当他百思不得其解时，几天后火山喷发了，他和游客们一起经历了一番生死历险，最后侥幸逃到了山下的安全地带。

火山喷发前为什么会有异常气味出现呢？原来，火山喷发前，岩浆在地下大量聚集并向地表运动，岩浆中的气体和水蒸气有一部分先行飘散出来，在这些气味中，有硫黄的蒸气和许多含硫的气体。因此当火山附近出现异常的刺激性气味时，一定要当心，这种气味一般是硫黄和硫化氢，它们的增加，表示火山气体已经从地下先行，接踵而至的很可能是熔岩和火山灰的喷发。

小河涨水必有因

一条从火山顶上流下来的小河，河水清澈，水声哗哗，河两岸长满了茂密的树木和杂草。

如果没有下雨，也没有出太阳，小河的水流量突然增加，这是什么原因？它会不会预兆着某种灾难呢？

让我们把目光投向南美洲，去了解一座叫鲁伊斯的火山。

鲁伊斯火山位于哥伦比亚中部，海拔约 5300 米，从 1595 年至 1985 年的 390 年间，鲁伊斯火山有过两次惊天动地的大喷发，其中发生在 1845 年的那次大喷发，毁掉了一个叫安巴莱马的城镇，之后鲁伊斯火山便安静下来。由于海拔较高，山上常年雨雪飘飞，火山变成了一座白雪皑皑的雪山，日积月累，山顶一带更是覆盖了超过 200 平方千米的冰川。

谁也没有想到，这座堆满冰雪的火山会死灰复燃。

在鲁伊斯火山附近，有一座叫阿美罗的小镇，镇里有数万居民，小镇周围还有不少农民，人们在肥沃的土地上开荒种地，安居乐业，过着平静幸福的生活。

1985 年 8 月，沉睡了一百多年的鲁伊斯火山突然冒出了滚滚浓烟，火山喷发的前兆出现了！可是这却没有引起阿美罗镇上的人们足够的重视，为了安抚民心，镇长和牧师还一再安慰民众，声称什么都不会发生，让大家安心工作和生活。

在火山口的浓烟持续了 3 个多月后的 11 月 13 日夜晚，一场惨绝人寰的大灾难终于降临了。

其实，在这场大灾难来临前，大自然已经发出了最后的警报，可惜这仍未引起人们的重视。

8 月 13 日晚上十时许，小镇上唯一的一家酒吧打烊后，两个喝得醉醺醺的青年从店里出来，一步三摇地在街道上走着。大概是酒喝得太多了，他们都不想回家，而是朝与家相反方向的街尾走去。走着走着，两人走出小镇，来到了一条哗哗流淌的小河边。

这条小河是从鲁伊斯山上流下来的，河水源自于融化的积雪，大多数时间，河水的流量都很恒定。

可是今天晚上，小河却涨水了，河水流量比往常增加了将近三分之一，河水漫溢上来，连道路也被淹没了不少；卷起的水浪扑打着河岸，发出很大的响声。

"咦，河水怎么涨了？"一个青年走到河边看了看。

"是啊，这水还是温暖的哩。"另一个青年顺手掬了一捧水，发现河水竟然有些温热。

按理说，从雪山上流下来的水应该很冰凉才对，今天这是怎么啦？

不过，两个青年并未多想，因为酒喝得太多了，他们身体发热，于是两人脱掉衣服，慢慢下到河里。

刚刚下河，一个浪头打来，两人被卷进河中，瞬间被冲得无影无踪——令人意想不到的是，两人竟然因祸得福：被河水冲走后，他们在下游十多千米的地方获救，反而躲过了火山喷发的灭顶之灾。

这天晚上，发现河水异常的还有一些人。一个当地村民到河边挑水，发现河水浑浊，于是便直接回家了；有人到河边散步，发现河水上涨，吓得赶紧离开了河岸……所有人都不知道，这其实是大自然在给人类发出警报，可是谁也没往灾难方向去想。

当天晚上 11 时，教堂的钟声刚刚敲过，一道紫色的闪光突然撕裂了漆黑的夜幕，惊天动地的巨响从鲁伊斯山上传来，火山喷发了！

人们从熟睡中惊醒，还没明白是怎么回事，灾难就已经来临了。火山喷出的灼热岩浆覆盖在冰川上，大量冰雪瞬间融化，和火山灰一起，形成了十分可怕的浓稠泥浆。这条疯狂的泥龙从山顶倾泻而下，几乎摧毁了阿美罗全镇。这次火山大喷发共造成 2.5 万人死亡，15 万头家畜死亡，13 万人无家可归，经济损失高达 50 亿美元。

这一事例给我们的教训是惨痛的。专家指出：许多高大的火山因为常年处于雪线以上，山顶及山腰一带堆积了大量冰雪，火山喷发前，

火山口周围的温度一般会升高，使得山顶的积雪融化。此外，火山周围的水温会比平时高许多，所以当山下的小河出现涨水、河水变暖等现象时，这往往预示着火山将要喷发，所以必须赶紧撤离到安全地带。

地震时要小心

火山喷发之前，经常会有地震发生，这些地震有些我们可以感觉到，有些需要地震仪才能监测到。

1980年5月18日，美国的圣海伦斯火山发生大爆发。早在喷发前的两个月里，当地气象部门便监测到多次地震。从3月25日开始，密集的地震更是接踵而至：25日至26日，人们监测到了174次2.6级以上的地震；从4月开始，地震强度逐步上升，4月上旬这里每天发生4级以上的地震达5次，到火山喷发之前的一个星期，4级以上的地震更是增加到了每天8次。

5月18日清晨，圣海伦斯火山似乎与之前一个月的活动没有什么不同：二氧化硫排放量和地面温度没有多大变化，看不出有任何灾难性喷发的迹象；火山以北9.7千米外的一个观测站，当时也未观测到任何异常现象。不过，一场突来其来的地震却揭开了火山喷发的盖子。

上午8时32分，一场5.1级的地震打破了火山四周的宁静，瞬间，地动山摇，一些松动的岩石纷纷从山上滚落下来。当时火山附近有一支伐木队，因为当天是星期天，工人们都在休息，地震把工棚震得嘎吱地响，大家慌忙钻出工棚。地震过后，有人想往山里去，可是被工头制止住了，因为早在几天前，专家曾告诫他们：火山有可能会喷发。就在这时，火山北侧方向传来一声巨响，那个数十米高的圆丘在地震中被震塌，紧接着火山口方向喷出了火红的熔岩和火山灰——如果不是地震的提醒，贸然进山的工人很可能会被熔岩和火山泥流吞噬！

再来看一个例子。2010 年 11 月 5 日零时起，印度尼西亚爪哇岛中部的默拉皮火山发生大规模喷发。喷发之前，火山附近一个村庄里的人们先后感受到两次地震：第一次地震发生在 23 时 40 分左右，当时大家都已经进入了梦乡，床突然摇晃起来，被惊醒后，有人披衣起床，有人继续入睡；大约 23 时 59 分，第二次地震发生了，这次的强度更大，把房屋震得轰轰直响，没有入睡的人们赶紧跑出屋去，不到一分钟，山顶方向便传来惊天动地的巨响——这是默拉皮火山近百年来最大的一次喷发，当时喷出的炽热烟灰高达 10 千米，最远飘到了 45 千米之外，火山发出的爆炸声在 20 千米外都可听见。这次火山大喷发给附近村庄造成严重破坏，两个村庄的房屋被烧成瓦砾。这场灾难共造成 78 人死亡、70 多人重伤，死伤者大多都是来不及逃跑的村民，其中有部分更是地震后未引起警觉的恋床者。

地震与火山喷发之间到底有何关系呢？专家指出，火山活动时岩

浆喷发的冲击力或热力作用往往会引起地面震动，所以火山地区发生的地震，往往是火山喷发的前兆。如果我们到火山地区旅游或观光，一旦感觉到有地面震动时，一定要引起我们的警觉，该撤离时就要迅速撤离。

动物大逃亡

　　我们都知道，地震来临前，一些敏感的动物会表现得焦躁不安，甚至会逃离原来的地方。那么，火山喷发前动物们的反应如何呢？

　　2015年4月22日下午，在南美洲智利的卡尔布科山上，一名叫巴勃罗的年轻人和两个朋友一起，带着一条叫比尔的小狗正在打猎。

　　卡尔布科山海拔2000米左右，是一座活火山，不过自1972年喷发后，这个爱发脾气的家伙便无声无息地"安睡"了。在这平静的43年中，卡尔布科山成了动植物的乐园：肥沃的火山灰滋养了大片森林和草场，野猪、梅花鹿、兔子等随处可见，"衣着"艳丽的鹦鹉在天空中飞来飞去……虽然当地禁止打猎，但还是有一些人偷偷上山去盗猎，并常常满载而归。

　　巴勃罗和他的朋友正是盗猎者中的一员，不过他们此次上山却大失所望：在北山转悠了一圈后，连一只兔子都未发现，整个山林空荡荡的，动物们仿佛全都钻入了地下，连半个影子都没看见。

　　"听说这山上的动物很多，可今天咱们怎么碰不到呢？"巴勃罗感到十分奇怪。

　　"是呀，这些家伙都到哪里去了？"巴勃罗的朋友乔治说，"莫非它们全都跑到南面的山上去了？"

南面的山海拔相对较低，那里的森林和草场生长得更茂密，动物也更多一些，不过在那里盗猎被发现的可能性也更大。

"不管那么多了，咱们现在就过去，有了收获就赶紧撤退。"巴勃罗说着，轻声唤起了小狗比尔。

今天比尔的反应和往日明显不太一样，它表现得有些焦躁，不时发出类似悲泣的呜呜声，并动不动就想往山下跑。

来到南山，刚刚走近一片树林，突然轰的一声，一大群鹦鹉从林中飞出来，它们凄厉地尖叫着，与此同时，从另一片树林中也飞出一群鹦鹉。两群鹦鹉很快汇合在一起，径直朝山下飞去。

"奇怪，怎么有这么多鹦鹉？"乔治望了望山上，目光里满是疑惑。

"汪汪"，比尔在不远处狂吠起来，巴勃罗赶紧跑过去一看，不由倒吸了一口凉气：一条粗大的岩蟒正从洞中爬出来，它吐着长长的蛇信子，似乎并不害怕眼前的人们。不一会儿，岩蟒从他们眼前消失，向山下逃去了。

正当巴勃罗他们困惑不解时，树林中传来一阵轰轰轰轰的声音，比尔再次汪汪大叫起来，还没等大家明白过来咋回事，一大群动物已经冲了出来。

　　这群动物中大多数是梅花鹿，其中还夹杂着野猪、长鼻鼩负鼠等等，这些动物都表情惊慌，争先恐后地从他们眼前跑过去，一直跑进了山下的树林中。

　　巴勃罗和乔治目瞪口呆，直到动物们跑远了，他们都忘了开枪。

　　"这是怎么啦？"乔治不安地指着山下说，"它们都往山下逃跑，是不是意味着山上有危险？"

　　"不会吧？"巴勃罗表面上满不在乎，但心里早敲起了小鼓。

　　"你们快来看！"另一个朋友叫了起来。巴勃罗和乔治跑过去一看，只见他面前的地上有一大堆蚯蚓，大概有上百条。蚯蚓们挤成一团，慢慢蠕动着朝山下的方向爬去，其中一些蚯蚓已经奄奄一息。

　　而这时比尔表现得更加焦躁，它一会儿冲山顶狂叫，一会儿朝山下跑去，如果不是主人喝令，它可能早就跑得无影无踪了。

　　"今天真是太倒霉了，算啦，回去吧。"巴勃罗摇了摇头，说实话，他心里已感到一丝不安。

　　巴勃罗和朋友们无精打采地下山后，不到三个小时，卡尔布科火山便喷发了，当时雷电交加，火红的熔岩从山顶溢出来，把树林烧着了；火山灰冲天而起，如同一朵硕大的蘑菇。火山接连喷发了四天，造成智利飞往阿根廷、巴西等地的航班被迫取消。在得知火山喷发的消息后，巴勃罗和朋友们不禁暗自庆幸，直呼大难不死。

　　专家告诉我们，与地震一样，火山喷发前动物之所以会烦躁不安，这是因为火山临近喷发时，会从地下飘散出有毒气体和水蒸气，同时岩浆在地下活动，导致地表温度升高，这些都会使那些敏感的动物不能适应，因而出现鸟儿飞离森林、野兽逃亡、蛇群迁居等现象，甚至有的动物会莫名其妙死亡，这些都是火山即将喷发的警报。如果在火山附近发现动物有异常情况，人们一定要高度警觉。

鱼儿逃，火山喷

全世界已发现的活火山一共有 516 座，其中海底有 69 座，即海底活火山约占全世界活火山数量的八分之一。

在数千米深的海洋下，火山喷发有没有前兆呢？

2015 年 1 月，太平洋岛国汤加，一位名叫奥尔巴萨诺的旅馆老板和几位朋友一起，亲眼见证了火山喷发前的异常现象。

汤加位于太平洋西南部赤道附近，整个国家由 173 个岛屿组成，其中大部分为珊瑚岛，有人居住的岛屿只有 36 个。奥尔巴萨诺在首都努库阿洛法所在的汤加塔布岛开了一家私人旅馆，平时一直忙于生意，很少外出游玩。

这年 1 月，正好有几个欧洲的朋友来汤加旅游，并顺道来看望他，于是奥尔巴萨诺决定放下手中的生意，陪朋友们去汤加塔布岛附近的一处海域钓鱼。

奥尔巴萨诺准备好钓具，并租了一艘游艇，他亲自驾驶向茫茫大海进发。海水清澈湛蓝，像碧玉般铺展在天地之间，海风徐来，浪涛轻涌，眼前的景象美不胜收。大家心情很好，一边说笑，一边憧憬即将开始的钓鱼活动。

大约两小时后，奥尔巴萨诺他们到达了目的地。这是一个面积不大的珊瑚岛，岛上有茂密的椰树林和洁白的沙滩。虽然小岛很美丽，但平时岛上无人居住，只有一些当地人或游客偶尔会来这里游玩。

把游艇停靠在岸边后，奥尔巴萨诺他们走上岛，一边欣赏美丽的海岛风光，一边兴致勃勃地钓起鱼来。

这里的鱼似乎很多，也很好钓，不到两个小时，他们便钓了二十多条海鱼。在岛上吃过自带的简易午饭后，奥尔巴萨诺和朋友们继续钓鱼。

下午的鱼似乎更多，朋友们的渔竿都接二连三有了收获，奥尔巴萨诺也感觉渔线沉甸甸的，他一拉渔竿，一条五彩斑斓的鱼儿被提出了水面。

"这鱼的颜色真好看，它是深海鱼吧？"有朋友过来，把鱼捉在手里细细观赏。

"没错，这的确是一条深海鱼。"另一个朋友说，"没想到这里连深海鱼也能钓到！"

话音未落，有人又钓到了一条同样五彩斑斓的深海鱼。此后的十多分钟内，深海鱼越来越多，它们不停上钩，不停被钓上来。后来，在靠近岸边的浅水里，他们也能看到彩色鱼儿在游弋。

"我觉得情况有点儿不妙，"奥尔巴萨诺突然意识到什么，"深海鱼一般不会游到浅水区来，除非海洋里有灾难发生。"

"莫非会发生海啸？"想到2004年印度洋发生的惨烈大海啸，朋友们的情绪一下紧张了起来。

"这个岛太小了，咱们赶紧走吧！"大家什么都顾不上了，赶紧跑到游艇上。

奥尔巴萨诺正要启动游艇，突然不远处的海面上传来轰的一声巨响，大家闻声看去，只见那里的海水像煮沸般冲天而起，形成一根巨大的水柱，烟尘四起，轰响如雷，煞是吓人。

"不好，海底火山爆发了！"奥尔巴萨诺呆呆地傻站在那里，朋友们也吓得脸色苍白。

在他们胆战心惊的注视下，海底火山一直持续不断地喷发，所幸的是，这次喷发并未对周围的人造成伤害。当火山停止喷发后，奥尔巴萨诺他们惊讶地发现，那里竟然涌现了一座新的小岛！这座新岛长约1.8千米，宽约1.5千米，海拔大概100米，它主要由火山渣堆积而成，上面温度极高，土质松软不均。奥尔巴萨诺回去后，立即向政府报告了这一奇观，并警告游客们不要轻易去"拜访"这座小岛。

至于那些向他们"报信"的海鱼，奥尔巴萨诺和朋友们全部将它们放回了海里，一条也没有带回家。

那么，深海鱼预报火山喷发的奥秘是什么呢？专家指出，火山喷发是地壳能量的积聚与爆发，必然会首先对水质、海洋动物产生直接影响。俗话说得好"地下变化鱼先知"，当深海鱼游向浅水区，或某区域突然出现奇特的鱼群（从未见过的特殊鱼）时，有可能是火山喷发的前兆，这时人们一定要高度重视，迅速向安全地区转移。

山上反比山下热

我们都知道，山海拔越高，山上的温度越低。一般来说，海拔每升高1000米，气温下降约6℃，这也是为什么一些高山会"一山有四季、十里不同天"，以及山顶的积雪终年不化。

不过，有的时候也会出现山上反而比山下热的异常现象。

1982 年 10 月初的一天，一个欧洲旅游团在当地导游的带领下，准备去攀爬喀麦隆火山。

喀麦隆火山位于喀麦隆西南部几内亚湾沿岸，呈椭圆形，面积 1200 平方千米，海拔 4000 多米，是非洲西部沿海的最高峰，当地将其命名为"伟大的山"。这座活火山在 20 世纪上半叶曾有数次喷发，不过自 1959 年喷发后便一直处于沉寂期。由于降水充沛，再加上火山灰肥沃，喀麦隆火山从山脚到山顶都生长着十分繁茂的植被，尤其是山顶一带更是风光旖旎，景色宜人，时不时地，总会有一些外国人来这里观光旅游。

上午八时许，在导游的带领下，旅游团一行 20 多人开始朝山上爬去。山谷里，当地的村民正在田里劳作，庄稼在微风中轻轻摇曳，一切显得是那么的和谐美好。当村庄渐渐远去，另一种不同的风光随之出现了：森林葱郁，山泉潺潺，偶尔一挂白亮亮的瀑布挂在山间，水声轰响如雷。沿途景色宜人，不过潮湿闷热的天气让欧洲游客们有些吃不消。喀麦隆位于赤道附近，一年四季气温都很高，在火辣辣的阳光照射下，游客们感到十分炎热。

"大家加快脚步，只要爬到山顶就好了。"导游不停地鼓励大家，"山上一点儿都不热，那里保证很凉爽。"

"是呀，山上气温应该比山下低得多。"大家都想赶快爬到山顶去凉快凉快，于是不由自主加快了步伐。

山腰一带的植被比山下相对要稀疏一些，不过看上去仍很茂密，但令人奇怪的是，这些树仿佛都生了病似的，叶子无精打采地耷拉着，有些叶子还变成了黄褐色，远远望去，仿佛是暮秋时节的树林。

这些树怎么啦？不但旅游团的人们感到奇怪，连导游也有些迷惑不解。半个月前他来这里时，树林还是青翠欲滴，看上去郁郁葱葱一片，怎么才十多天就变成了这样？

"这些树叶好像是被高温烤焦的,"这时一名游客仔细看了看眼前的树木说,"我感觉这里的温度比山下还高。"

是呀,这里的确比山下热多了!一语点醒梦中人,大家擦了擦额头上的汗水。有人拿出温度表一看,好家伙,山腰的气温竟然比山下高了1.5℃。

"这里的海拔是2600米,按理说这里的气温应该比山下低15.6℃,可现在的气温反而还高了,这是怎么回事呢?"大家议论纷纷,心里都有一种不祥的预感。

"过去可不是这样,上次我带游客来时,这里很凉快。"导游摇了摇头说,"今天确实很奇怪。"

"会不会是火山的缘故?"有人提出。

"火山?"

"是呀,听说火山喷发前山体会发热,导致气温会比山下高,还有这些树叶变色估计也是这个原因……"

这么一说,游客们全都害怕了,导游也紧张起来。经过一番商量,他决定立即带领大家下山。

两天后的傍晚,这座沉寂了二十三年的火山爆发了,喷薄而出的

熔岩映红了半边天。接到这名导游的报告后，当地及时关闭了景区，故未造成人员伤亡。

专家指出，火山喷发之前，山顶及其附近的温度一般都会升高，而气温升高，可能会导致周围的树叶和花草褪色、树木枯死等现象。如果你到火山景区旅游遇到这种情况时，一定要格外当心，最好是马上离开可能会有危险的地方。

火山异响快转移

轰隆隆轰隆隆，打雷了吗？不是，响声是从前面那座山上传出来的。山怎么会发出声音呢？别忘了，那是一座活火山！

专家告诉我们，当火山处于休眠期时，它会表现得十分安静，外表也与一般的大山无二，但当它苏醒并开始"发火"时，就会发出闷雷般的响声。这种闷雷般的响声，其实是大自然给人类发出的警报。

咱们先来看一个例子。伊拉苏火山是南美洲哥斯达黎加境内的一座活火山，它也是该国最高的山。1841 年和 1920 年，伊拉苏火山曾喷发过两次，之后它便一直沉寂，直到 1963 年 3 月再度喷发。

伊拉苏火山并非我们想象的那般荒凉和恐怖，相反，这里草木茂盛，森林密布，肥沃的火山灰还为农牧业提供了有利条件，山谷里庄稼茁壮，牛羊肥壮，潺潺清泉在山间流淌。站在最高峰上，还可以看到加勒比海和太平洋的景色。由于风光旖旎，这里成了人人向往的旅游胜地。

不过，1963 年 3 月，伊拉苏火山再次露出了狰狞的面目。火山喷发前五天，人们便感到大地一直在微微颤抖，并从地底下传出轰隆隆的响声，刚开始大家没有意识到这是火山喷发的前兆，仍然该干啥就干啥，对眼前的危险置若罔闻。喷发前两天，地质专家听说此事后，专程赶来监测，这一监测不要紧，专家们吓了一大跳：火山已经处于高度活跃期，可能很快就会喷发！当地政府听从专家的建议后，赶紧组织农牧民转移。两天后，火山喷发了，火山灰喷射达 2000 米高，火山周围乱石横飞，熔岩奔流，附近的村庄、农田和森林全被毁坏。这次火山喷发还影响了哥斯达黎加的众多地区，全国 10% 的土地被火山灰覆盖，首都圣何塞也遭到火山灰侵袭，城市街道整整清理了一年才恢复整洁的面貌。

火山异响发出警报的例子，还有不少。2010 年 12 月 19 日上午，印度尼西亚婆罗摩火山先后两次喷发。喷发前，当地人曾听到火山口方向传来闷雷似的轰隆隆的响声，由于印尼是火山之国，当地人对火山喷发早有戒备，因此响声一起，大家便提高了警惕。响声后不久，火山便喷发了，当时喷出的火山物质远达 1000 米之外，火山灰热云高达 1000 米，喷发时还伴随着巨大的雷声，听上去惊心动魄。2015 年 1 月初，俄罗斯堪察加半岛上的科柳切夫火山喷发，喷出的火山灰高达

6000 米。喷发前，距离火山 30 千米处的克溜奇村村民，曾听到火山方向传来隆隆响声，同时感受到强烈的地震。后来隆隆声转变成了巨大的轰鸣声，火山灰冲天而起，村民们这才知道火山喷发了。

专家指出，很多火山喷发之前都会发出隆隆响声，这是地下岩浆和气体膨胀，在即将冲出火山口时发出的响声，它往往预示喷发即将来临。所以人们听到这种响声时，一定要及时转移到安全地方。

可怕的"沸腾锅"

冰雪覆盖的山头上，冒出一团团热气腾腾的白气，仿佛一口煮沸的大铁锅，这种现象被称为"沸腾锅"。

"沸腾锅"是怎么形成的呢？原来，看似平静的冰川下面，是一座座十分危险的活火山，它们平时被皑皑白雪掩埋，看不出半点儿火山的影子。但当火山开始喷发时，灼热的岩浆从地底涌出来，使部分冰川融化，形成大量水蒸气，这些水蒸气从冰川下喷发出来，于是形成了"沸腾锅"。

一般来说，"沸腾锅"现象只出现在比较严寒的地区，比如冰岛、俄罗斯堪察加半岛、美国阿拉斯加等火山区。这些地区常年被冰雪覆盖，一旦火山进入活跃期，冰与火交融的现象便会屡屡出现。

冰岛是一个火山活动频繁的国家，被称为"极圈火岛"。2010 年 3月，该国的埃亚菲亚德拉冰盖火山喷发，导致了一周的航空运输受影响，数千架次航班被取消。2014 年 8 月，冰岛的巴达本加火山蠢蠢欲动。巴达本加火山位于冰岛中部瓦特纳冰原西北部，是冰岛海拔第二高的山，也是冰岛最大的火山喷发区。有数据显示，1477 年巴达本加火山曾经有过一次惊人的大喷发，当时从火山口涌出的熔岩，是过去一万年里最多的一次。不过，巴达本加火山一般不会轻易喷发，近一百多年来，它都表现得比较安静（上一次喷发还得追溯到1910年），而山体也因为被厚厚的冰川覆盖，完全看不出半点儿火山的痕迹。

不过，这种平静在2014年被打破，8月，巴达本加火山活动加剧，地下的岩浆跃跃欲试。8月16日，巴达本加火山频繁出现轻微地震，火山附近的冰盖底下开始有岩浆喷发。几天之后，冰岛科学家发现火山附近出现了几个"沸腾锅"，它们深10～15米，宽约1千米。由于岩浆和蒸汽大规模冒出地面，每个"沸腾锅"都热气缭绕，看上去惊心动魄。乘直升机从空中观察，不时会听到气流从地上喷发时的呼呼声。与此同时，该地区还发生了一次5.7级的地震。冰岛气象部门的专家分析后认为，"沸腾锅"很可能是巴达本加火山大喷发的前兆，并且指出"岩浆一旦冲破冰层，海量冰川融化后，很有可能造成洪水灾害"。虽然巴达本加火山周围区域没有长住居民，但如果山洪暴发，受游人青睐的国家公园损失将十分严重。

也有一些专家认为：瓦特纳冰川的冰层厚达数百米，火山活动无法穿透坚冰，岩浆会被一直封闭在冰川下，所以大可不必担心。不过，冰岛气象部门最终还是采纳了"火山会大规模喷发"的意见，并于8月23日将火山航空预警提升至最高级别的红色。

实践是检验真理的唯一标准，二十多天后的9月14日，如大多数专家预测的那样，岩浆冲破冰层，从冰川下喷涌而出，巴达本加火山喷发了！滚滚熔岩在冰川上肆意流淌，导致大量冰雪融化，而火山喷出的硫黄气体随风向西飘移，竟然影响到了约1200千米外的挪威。

"沸腾锅"通常都被认为是火山喷发的前兆，并且潜伏着巨大的危险，所以当"沸腾锅"出现时，一定要远离火山。

长白山天池火山会喷发吗？

前面我们介绍了火山喷发的一系列前兆，但须注意的是，火山喷发比较复杂，需要具体情况具体分析，有的时候，还要正确识别火山的前兆。

下面，我们去看一个关于火山是否喷发的争论。

2010年11月的一天，韩国《朝鲜日报》刊登了一篇令人震惊的消息，称白头山（中国叫长白山）天池出现喷发前兆，并预计火山可能会在2014年喷发。做出这一预测的是两名韩国专家：韩国釜山大学教授尹成孝和科学教育研究所教授李郑贤。两人此前曾联合发表论文，指出自2002年6月，吉林省汪清县发生7.3级地震以来，长白山发生地震的频率增加到十倍以上，天池地下2000～5000米处的火山地震活动增加，周边地区每月都会发生多次地震；从卫星拍摄的照片来看，长白山天池的地形也有所隆起，而天池周围外轮山上的部分岩壁更是出现了龟裂、坍塌等明显的喷发前兆。

在回答记者的提问时，尹成孝直接表示："长白山属于活火山，预计 2014 年可能喷发。"他和李郑贤还进一步指出："长白山天池的喷发将会是爆炸式的，由于天池内有 20 亿吨的水量，所以这次喷发造成的破坏将十分巨大。"

一石激起千层浪！这篇报道出来后，很快引起了长白山周边地区居民的担心，火山近期会大喷发的传言甚嚣尘上，传得沸沸扬扬，中国吉林省的白山市、延边朝鲜自治州、通化市等地区的居民更是忧心忡忡，因为据说火山喷发会对这些地区造成灾难性的影响。

因为担心火山喷发，一些当地人开始举家搬迁，带领全家到外地去谋生。在通化市，有居民举家搬迁到了沈阳；更有的远走广东、四川等地打工，以避免火山喷发带来的灾难。

长白山天池火山真的会喷发吗？历史上，这个地方确实发生过几次火山大喷发：距今 1.5 万年～1.1 万年，长白山火山大喷发形成火山口湖，这就是今天闻名遐迩的长白山天池；公元 1014 年～1019 年，长白山发生过千年大喷发，喷发规模相当可观；公元 1597 年以来，长白山火山曾有过三次小规模的间歇式喷发。

随着传言增多，前来长白山考察的科考队也越来越多，这让当地居民更加恐慌和担忧。而中国专家在考察之后，做出了截然相反的结论：长白山火山群不会喷发！

中国专家的理论依据是：第一，长白山的地震在 2002 年～2005年确实出现过增加的情况，但 2005 年以后又恢复平静，说明火山活动已趋于稳定；第二，长白山的温泉水温度始终保持在 80℃左右，而且水化学监测与形变监测都没有发现异常，说明火山地下活动平静；第三，只有出现地表形变、水温异常、温泉气体化学异常、岩浆上涌时，火山才有可能喷发，而这四个现象都没有出现，所以火山不可能喷发。一位专家肯定地对记者说："长白山火山群不会在近年喷发，我甚至可以肯定地说，我们这代人是看不到这一现象的。"

事实证明，中国专家的预测是准确的。这一事例也告诉我们，要客观、全面地看待火山前兆，不能专靠某一方面的现象便武断地做出火山喷发的结论；作为普通民众，要相信科学，正确识别流言，不要相信一些道听途说的说法。

黄石国家公园的危机

与长白山天池一样，遭遇过喷发传言危机的，还有一个非常著名的地方——美国黄石国家公园。

事情的起因，源自于互联网上的一个视频。2014 年 4 月 2 日，在YouTube 视频网站上，出现了一段游客拍摄的视频，名称叫《当心！美国黄石国家公园里的野牛在逃命》。这段视频长达 1 分 08 秒，点开之后，只见在黄石国家公园里，成群结队的美洲野牛正在狂奔，它们朝着同一个方向，有的沿着公路，有的顺着草原，不顾一切地向前奔跑，轰隆隆的声音像打雷一般，十分震撼。这个视频很快引起了成千上万网友的关注，点击率迅速攀升，并且进入了热门视频点击排行榜之列，中国多家视频网站都对这一视频进行了转载。网友们在观看了该视频后，纷纷表示了自己的忧虑和担心。有人认为野牛可能是受到了某种惊吓；有人认为是灾难来临前的征兆；有人则直接指出，这是公园内火山大爆发的前兆。

网友们的担心不无道理。前面我们已经介绍过，黄石国家公园的地下埋藏着一座超级火山，据科学研究，这座超级火山在过去的 210 万年中，曾经有过 3 次大爆发，它大约每隔 60 万年便喷发一次，而上一次爆发距今已有 64 万年。2004 年至 2006 年之间，公园火山喷发口上方的地面出现了异常，并以每年 7 厘米左右的速度隆起。2011 年，科学家们认为公园里的休眠火山很可能已经进入了活跃期，超级火山一触即发。英国科学家甚至用计算机进行了模拟演示，指出超级火山一旦爆发，火山爆发周围 1000 平方千米范围内，百分之九十的人都将无法幸免于难，而美国三分之二的国土很可能会"面目全非"。

在这段视频出现前的 3 月 30 日凌晨至上午，黄石国家公园先后发生了多起地震，其中上午 6 时 34 分发生的 4.8 级地震，是自 1980 年以来公园内发生的强度最大的一次地震，震中位于公园中心地带，靠近诺瑞斯喷泉盆地。之后整个上午又有四次余震发生——频繁发生的地震，再加上狂奔的野牛，使人们不得不从心底深深担忧，超级火山是否要爆发了！

这段视频在网上出现后没几天，黄石国家公园便接到了成千上万来自全球的电话和电子邮件，人们急切想求证火山喷发的传言。为此，美国地质勘探局的专家不得不站出来辟谣，火山专家切尔韦利告诉大家："近期的地震和地表轻微隆起都不能视作火山即将喷发的先兆，而

　　且没有任何迹象表明这座超级火山会在近万年内喷发。"不过，这一解释仍然不能打消网友们心头的疑惑。

　　黄石国家公园的专家们经过仔细调查后，终于弄清了野牛狂奔的原因。原来，这是一种十分自然的现象：每年春天来临时，野牛们都会嬉戏打闹，在头牛的带领下，它们有时会一起狂奔外出觅食，并不是像视频所说的那样集体逃命。公园发言人巴特利特因此指出："这是自然现象，不是世界末日。"专家们的解释彻底消除了人们的疑惑。

　　这个事例告诉我们：要正确区分火山前兆和自然现象之间的联系，不要认为见风就有雨，把正常的自然现象也当成了喷发前兆，从而产生恐慌和引起混乱。

火山逃生
自救及防御

和熔岩赛跑

　　前面我们介绍了火山喷发的一系列前兆，身处火山区，一旦察觉到这些前兆我们要赶快离开，但如果没有察觉到异常火山便喷发了，我们应该怎么办？

　　三十六计，走为上！不过，在逃生中，一定要讲究策略。

　　先来看一个在火山喷发中逃生的实例。

　　1902年4月18日晚，中美洲的危地马拉，一名叫科尔的货车司机驾驶一辆大卡车，奔驰在通往首都危地马拉城的路途中。科尔是危地马拉城附近一个小镇的菜贩子，他经常把从农村收购的蔬菜运到市区去卖，从中赚取差价维持一家人的生活。正当他全神贯注地开车时，天气突然发生了变化，雷声隆隆，闪电耀眼，紧接着下起了瓢泼大雨。尽管车窗玻璃前一片模糊，前方道路泥泞不堪，但科尔仍坚持往前开，因为如果不能及时将这一卡车的蔬菜运到市区，耽误了第二天的早市批发，蔬菜不但卖不到好价钱，还可能因此而烂掉。

　　与科尔一样拼命往前开的，还有一名驾驶着一辆运送牛奶的卡车的司机，他和科尔一样，也必须在第二天凌晨前赶到市区交货。两辆卡车一前一后向危地马拉市方向驶去。为安全起见科尔将两车的距离保持在300米以上，驶着驶着，地震发生了。地面猛烈摇晃起来，科尔赶紧将车刹住，将身子紧紧伏在方向盘上。而几乎在同一时间，前面那辆卡车也停了下来。但他们不知道，他们的车停在了桑塔安纳火山附近。

　　这座火山曾经喷发过，但那是很久以前的事情了。火山周围那郁郁葱葱的茂密森林，使人们早就断定：这是一座已经不再喷发的死火山。但在地震的诱发之下，这座被判了"死刑"的火山突然复活了！

　　第一波地震还未结束，火山便迫不及待地喷发了。火山灰刚喷了一会儿，灼热的岩浆就突然从火山口喷涌而出，红红的火光照亮了整个夜空。

　　前面的那辆卡车，与火山口的距离实在太近了，喷出的熔岩顺着公路流向卡车，很快将卡车引燃。轰隆一声，那辆卡车发生了爆炸。年轻的卡车司机赶快放弃车辆，尖叫着跑向科尔的卡车。

　　"快，快把车往回开！"年轻人脸色苍白，声音颤抖。

　　科尔赶紧拉开车门，让年轻人坐了上来，同时发动汽车往回退。这时熔岩已经逼到了车前，灼热的气浪似乎要把人烤焦。同时，铺天盖地的火山灰四处弥漫开来，遮挡住了他们的视线。

　　凭着感觉，科尔咬紧牙关，迅速将车调过头，并加速往回开。他们从车前的后视镜里，看到刚才卡车所在的地方，已经成为一片红色的河流。好险啊！如果再迟十秒，卡车就会被熔岩吞没。

　　这一次桑塔安纳火山死灰复燃造成了巨大灾难：滚滚熔岩引发森

林大火，毁灭村庄，破坏道路，不少来不及逃跑的家畜被熔岩吞没，变成了一片焦炭。而科尔他们驾驶汽车一路狂奔，最终从可怕的熔岩流中死里逃生。

专家指出，熔岩是火山喷发的显著标志，它是从地球内部喷发出来的炽热的液体岩石，其温度高于800℃，有的甚至可以达到1200℃。如果不幸遭遇了熔岩流，你还是赶紧跑吧！在逃生过程中，可使用任何可用的交通工具，若火山灰没有阻塞道路，可以驾驶汽车逃跑；当厚厚的火山灰把车轮陷住时，一定要放弃汽车，迅速向大路逃跑。

千万记住：在开车时要注意方向，千万不要走峡谷，因为峡谷会是火山泥流的必经之路，所以一定要走相对宽阔的大路。

沿斜下方逃跑

在火山的各种危害中，熔岩流对生命的威胁可能最小，因为一般情况下，它们的流动速度比较缓慢（每小时流动的距离不超过几千米），你只要不把脚扭伤，一般都会把它们远远甩在身后。

不过，有的时候，熔岩也会一反常态，以超高的速度奔泻而下。如1977年，非洲刚果（金）的尼拉贡戈火山喷发，熔岩从火山顶的一个湖中流出，以超过100千米每时的速度突袭了毫无准备的当地居民，数千人悲惨地死去。

当熔岩流高速冲来，你身边又没有赖以逃生的汽车等交通工具时，你应该怎么办？

2002 年 1 月 17 日，尼拉贡戈火山再度喷发。这次喷发与 1977 年的那次一样，当地居民也没有发现火山喷发的任何征兆，而且火山熔岩流动的速度也十分迅速（其速度虽然不如 1977 年那次，但人仅靠两条腿无法逃脱）。

这次火山喷发的熔岩流给当地造成了巨大伤亡，其中便包括一个叫格玛的小镇。格玛镇是尼拉贡戈火山脚下的一个小镇，与火山的距离只有 18 千米左右。这天上午，恰逢小镇赶集，农民们带着自家种植的农产品，从四面八方汇集到镇上进行交易。时至中午，镇上的人谁也没有意识到一场灾难正在悄悄逼近。中午十二点三十分左右，尼拉贡戈火山顶方向传来一声轰响，火山喷发了！这次的岩浆不是从火山口喷出，而是从山坡上的三个裂口流出。由于山势陡峭，熔岩顺着山体向下奔涌，很快形成一条时速数十千米的红色熔岩流。当熔岩流抵达小镇时，赶集的人们已经来不及逃跑了。一时间，小镇上的人们陷入了巨大的恐慌之中。

在这场与死神的抗争中，当地居民塞尔因为选择了正确的逃生路线，侥幸与死神擦肩而过。

　　塞尔是一名二十多岁的男子，火山熔岩流涌进小镇时，他正在镇上的一个地摊买衣服，突然有人高叫一声"快跑啊，火山喷发了！"紧接着，前面的人惊慌起来，开始向街尾方向快速奔跑。很快镇上就有房屋着火了，到处浓烟滚滚，噼里啪啦的声音听起来十分恐怖。塞尔身边的人也跟着奔跑起来，他们一起向街尾方向逃去。塞尔稍一迟疑，这时熔岩已经涌到了街道的中段。该向哪里逃生呢？因为格玛镇的地势是东高西低，火山熔岩是从地势较高的东面街头冲下来的，如果向西面的街尾方向逃生，很快便会被熔岩追上。塞尔冷静分析了一下眼前的形势后，没有跟着大多数人逃生，而是从另一条路拐出来，向旁边一块约有十多米高的山坡跑去。受到他的影响，一部分人也跑到了山坡上。

　　他们刚刚跑到山坡上，熔岩流已经涌到了山坡下面，滚烫的熔岩碰到岩石，激起数十厘米高的火焰；四周火焰熊熊，所有能燃的东西全都着了火，虽然隔着十多米，但炽烈的热浪仍让塞尔他们感到呼吸急促，身上的皮肤似乎快要爆裂了。熔岩流不断涌来，塞尔感到死神正一点一点逼近。万幸的是，数十分钟后，熔岩流不再涌来，并缓缓停止了流动。"快跑！"塞尔他们赶紧向安全地方转移，最终躲过了死神的魔爪。不幸的是，格玛镇被厚达 1～2 米的熔岩完全吞没，附近的 14 个村庄也被毁坏，至少造成 147 人遇难，数百人受伤——这些伤亡者，大多是逃跑过程中被熔岩追上造成的。

　　塞尔及一小部分人幸免于难的事实告诉我们，当熔岩流已经逼近，无法逃脱时，应立即爬上高地，先保住性命再说；即使要逃跑，也不要顺着熔岩流的流动方向逃跑，因为你有可能会被足以融化一切的熔岩流追上而丧命。

　　千万记住：当熔岩流的速度比你快时，在逃跑过程中，一定要朝着与熔岩流流向垂直的侧面逃跑。

别存侥幸心理

火山喷发时，有的火山熔岩会流到很远的地方，如1783年冰岛的拉基火山喷发时，熔岩流动距离达到了惊人的70千米；有的火山熔岩可以长时间持续流动，如夏威夷岛的基拉韦厄火山于1972年2月喷发，一直到了1974年7月熔岩才停止流动，前后共持续了901天，喷出的熔岩总量足以填满10万个标准游泳池。

最糟糕的事，莫过于火山熔岩不规则的喷发和流淌，它们说不定哪天会突然停下来，不知何时又突然恢复流动。当熔岩停下来时，人们可能会麻痹大意或心存侥幸，而当熔岩恢复流动时，那些心存侥幸的人很可能会成为牺牲品。

1902年4月，西印度群岛的马提尼克岛上，一座叫培雷的火山出现了喷发前兆。培雷火山是一座休眠火山，此前它已经安静了几十年，以至于当地人都以为它不再喷发了。岂料四月初，培雷火山一反安静的常态，开始变得骚动起来。四月中旬，火山出现了一次小规模喷发，火红的岩浆从火山口涌出来，流向设在山坡上的一个糖厂。糖厂工作人员见势不妙，吓得赶紧逃命。转瞬间，糖厂便被熔岩夷为平地。正当岛上的居民惴惴不安时，火山喷发又一下停止了，熔岩流也不再涌流。之后的4月25日，火山再次出现了喷发前兆，一阵火山灰降落在岛上，把白天也染成了黑夜。不过，岛上的居民们这时已经不再惊慌了，大家表现得很淡定，而当地政府也认为火山不可能再喷发，劝大家不要惊慌。转眼到了5月5日，火山再度醒来，开始喷涌少量的熔岩和火山灰——这是大自然最后的警告，但依然没有引起当地政府和

居民们的重视，只有一个叫克勒克的农民注意到了这些现象。此前的一系列火山活动，已经让克勒克从心底感到了担忧和害怕。当熔岩流再次出现后，他说服家人，带着所有的财产离开家园，去了另一个海岛生活。

5月5日，熔岩流淌一阵后，再次停止了喷发。5月8日上午，一场毁灭全岛的火山大喷发开始了。克勒克和他的家人在另一个海岛的安全范围内，目睹了这场大灾难的发生。火山喷发的声音如同万炮齐鸣，灼热的火山碎屑流和火红的熔岩一齐，向山下的圣皮埃尔市袭去。在这场灾难中，只有两个人幸免于难。一个工人因藏在工作台下面而得救，另一个幸存者是囚犯。关于他们的故事，我们在下面还会讲述。

这场灾难告诉我们，在火山熔岩面前，任何侥幸心理都有可能酿成悲剧。当熔岩出现不规则的喷发和流淌时，最好的办法是赶快撤离。成功避难的事例，当属夏威夷岛上的卡杰帕纳镇逃生。1983年，该岛的基拉韦厄火山喷发后，熔岩不停向前流淌，每天大约流动250米，当熔岩对卡杰帕纳镇构成威胁后，人们当机立断，果断采取了行动。在政府的组织下，居民们把生活用品装到卡车上，及时向安全地带撤离，甚至连镇上的教堂也被人们搬走了。不久后的一天夜里，熔岩涌进卡杰帕纳镇，整个镇子燃起熊熊大火，不到十分钟便化为了灰烬。

千万记住：面对火山熔岩，一定不要有任何侥幸心理，安全转移才是上上之策。

赶紧躲起来

前面我们讲了面对火山熔岩流时的逃生要领，但与火山的其他危害相比，熔岩流根本排不上号，有一种叫"火山碎屑流"的物质可比它厉害多了。

火山碎屑流是一种夹杂着岩石碎屑的气流，专家指出，火山喷发造成的最大危害便是火山碎屑流。它有三个特点：第一，行动迅速，它的速度可达 200 千米每时，几乎转眼间便可抵达你面前；第二，十分灼热，它的温度通常为 300～800℃，有时甚至更高；第三，致命，只要短短的几秒钟时间，它就可以毁坏整座村庄或城市，夺去成千上万人的生命。

前面我们讲过：1902 年西印度群岛的马提尼克岛上的培雷火山大喷发，造成圣皮埃尔市瞬间变成废墟，全城 3 万余人只有两个人活了下来——这两个幸存者，一个是建筑工人伊吉特，一个是囚犯西帕利斯。

火山大喷发之前，伊吉特和一群工友正在市郊修建一座地下室。这座地下室是圣皮埃尔市一名葡萄酒商人的私家住宅，当时地下室已经基本完工，只差内部装修便可以用来储藏葡萄酒了。5 月 8 日这天上午，伊吉特因为有道工序做错了，被工头责罚，所以一个人来到地下室返工。当时他心里又委屈又难过，一边不停地抱怨，一边又不得不细心干活。半个小时后，伊吉特终于干完了手里的活，他刚要从地下室里出来时，火山大喷发了。随着惊天动地的响声，火山碎屑流袭向圣皮埃尔市。伊吉特感到一股灼热的气流扑来，令他几乎快要停止呼吸了。出于本能，他立即跑回地下室，钻到工作台下面躲起来。这一躲便是7个多小时，当外面的一切都平静下来后，伊吉特从地下室里爬出来，然而眼前的一切令他既震惊又恐怖：整座城市变成了一座废墟，到处死尸累累，大街小巷见不着一个活着的人！

不过，伊吉特并不知道，当时圣皮埃尔市还有一个与他同样幸存下来的人，这个人便是囚犯西帕利斯。

西帕利斯是一名死刑犯，第二天，他就要被押入刑场执行死刑。因为是重刑犯，西帕利斯被关押在一座坚固的牢房里。牢房用大石砌成，墙壁又宽又厚。西帕利斯当时万念俱灰，躺在阴冷潮湿的地板上，他十分后悔当初的行为。因为与人争执，他一时冲动用刀捅了对方，导致对方失血过多死亡。如果时光可以倒流，他绝对不会干出如此丧心病狂的事情来。想到明天就要告别这个世界，西帕利斯心里一阵阵隐痛，他老家还有父母，他们养育了他，抚养他长大成人，然而他却没有尽半点儿孝道……就在这时，外面传来了巨大的响声，之后，整座监狱突然燃烧起来，看守和其他囚犯有的当场死亡，有的被活活烧死。目睹此情此景，西帕利斯惊恐万状，不过，牢房坚固厚实的墙壁阻挡了一切，灼热的火山碎屑流和随后奔涌而至的熔岩都没能奈何他。

火山停止喷发后，噩梦结束，整个世界一片死寂。西帕利斯在牢房中孤独地盼望着救援，第一天过去了，第二天过去了，第三天过去了……他越来越绝望，身体越来越虚弱，直到第四天早上，他听到外面有人说话，于是努力发出了呼救的声音。获救后，他从此也获得了自由——所有起诉他的人和执行死刑的人都已不复存在，他成了唯一因火山喷发而获得重生的人。在接受记者采访时，西帕利斯激动地说："我是这个世界上最幸运的人！"

其实，给西帕利斯带来幸运的是死刑牢房里那厚厚的墙壁，它和拯救伊吉特的地下室一样，是当时火山碎屑流唯一没有攻破的两处堡垒。

专家告诉我们：火山喷发时，夹杂着岩石碎屑的火山碎屑流特别可怕，如果不幸遇到这种厉害的家伙，你千万别和它赛跑，要以最快的速度跑到坚固的地下室去。

救命的河水

1980 年 5 月 18 日早晨，距美国波特兰市东北 72 千米的圣海伦斯火山附近，一名叫罗森的科学家和他的两名同事一起，正在对火山进行观测。此前，圣海伦斯火山已经多次出现了喷发征兆，景区半个月前便已关闭，周围居民也在当地政府的劝说下转移去了安全地区。罗森和同事们明知火山存在极大风险，处于随时可能喷发的状态，但为

了取得火山监测数据，他们冒着生命危险，每天坚守在火山附近进行
监测。

早晨的天空清朗而空旷，在东方天际，一道朝霞掩映在灰黑的云
层中，看上去显得有些诡异。而在近处，高大的圣海伦斯火山像屏障
般矗立在眼前，火山口飘出的火山灰像雪花般纷纷扬扬飘洒下来，树
木、道路、房顶全都蒙上了一层灰白的颜色。

"如果火山喷发，我们怎么办？"一位年轻同事半开玩笑半认真地
说，"我相信火山熔岩追不上咱们，可是火山喷发产生的喷射物速度极
快，如果没地方躲避，那可是要命的呀！"

"这里不是有房屋吗？把门一关，那些东西就可以挡在外面了。"
另一位年龄稍长的同事回答。

"万一喷射物是灼热气体，房屋怎么挡得住？"

"有那么厉害的喷射气体？据我所知，只要距离火山口足够远，喷
射物的威力就会大大降低。在我看来，咱们这个距离应该是安全的。"

"我说的是万一！万一喷射物的威力很强，怎么办？"

"别担心，这里不是有一条小河吗？"罗森接过话头，他指了指身
边的小河说，"如果真的不行了，咱们可以跳到河里去避险……"

像往常一样，他们这次的争论也没有什么结果，不过，接下来发生的事情却被那个年轻同事不幸言中。

上午八时许，阳光驱开厚厚的阴霾，从云缝中洒下万道金光，大地顿时变得生动起来，而眼前的火山也似乎温顺了许多。殊不知，危险正一步一步地逼近。

时间一分一秒地过去，当指针指向 8 时 32 分时，大地突然震动起来，地震了！罗森赶紧拿起望远镜向火山口方向望去。这一看不打紧，他看到山顶北侧隆起的圆丘已经坍塌，紧接着火山口发生了猛烈爆炸，一堵红色的"高墙"以迅雷不及掩耳之势向山下冲来。两名同事也看到了直冲而下的"高墙"，出于逃生本能，他们准备向旁边的屋里冲去。"房屋挡不住，快到小河里去！"罗森大叫一声，他扔掉望远镜，紧跑几步跳进河里。两名同事反应过来后，也赶紧跳进了河中。

河水有些冰凉，深度恰好到大腿的位置。罗森他们不管三七二十一，一下扑倒在河里，把身体全部浸在了河水中。几乎同一时间，"高墙"已经抵达了，当高温高速的"高墙"横扫过监测站时，房屋着火了，树林燃起来了，周围瞬间成了一片火海。"高墙"扫过河面时，河水响起一阵吱吱声，仿佛烙铁被水浇淋时发出的声音；河面上热气腾腾，冰凉的河水一下升高了好几度。

罗森他们屏住呼吸，用双手紧紧抠住河底，一动也不敢动。大约过了三十秒，他们才慢慢从水中露出脑袋。在确信最大的危险已经过去后，三人才胆战心惊地从河里爬了出来。

事后，罗森他们才知道：这堵"高墙"是火山喷发时产生的流动火山细屑物，即由热气、热水和火山灰混合而成的可怕炽云，它横扫和埋葬了一切挡道的东西，极度的高温甚至毁灭了数千米外的树木。

罗森他们逃生的事例告诉我们：当与炽云不期而遇时，第一选择当然是躲进坚实的地下建筑物里，如果附近没有地下建筑物，唯一存活的机会是跳入水中，只要屏住呼吸半分钟左右，气体球状物就会滚过去。

千万记住：在水中时，要把整个身体全部浸进水里，实在不行，也要尽量把脑袋和心脏等关键部位浸在水中。

切记保护头部

火山喷发的一刹那，有难以计数的致命喷射物从火山口倾泻而出。这些喷射物大小不等，小的只有鸡蛋那么大，而大的如磨盘一般，它们从火山口"新鲜出炉"时，如同一枚枚滚烫的"炸弹"，能喷射到相当远的距离。如果不幸被它们击中，一枚小小的"鸡蛋"就可能要了你的命。

那么，如何对付这些致命的喷射物呢？

2014年9月27日，日本中部的名山——御岳山山腰处，一群游客正兴致勃勃地观赏风景。山腰至山顶一带红叶灿烂，景色宜人，不少人拿起相机，咔嚓咔嚓拍起照来，这其中便包括一名叫武田的摄影师。武田今年69岁了，他平生酷爱摄影，跑遍了日本大大小小的山川河流，此次已经是第三次来御岳山了。

"山顶的景色更好，赶快上去吧。"导游回头招呼道。"走喽，上山顶去喽！"游客们自觉排好队，很有次序地往上攀爬。爬上山顶，极目远眺，只见远处阡陌纵横，莽莽苍苍，近处则绿树掩映，红叶艳丽，不能不令人心旷神怡。

时间不知不觉到了中午，大家仍然在山上留恋不舍。11点53分，火山口方向突然传来砰的一声响，仿佛有人放烟花。还没等游客们反应过来，火山灰已经冲起三千多米高，随即传来石头滚落的隆隆声；

四周漆黑一片，离山顶较远的地方，也有大量石块飞落下来。石块普遍大如西瓜，落在地上发出轰轰巨响，十分骇人。

"啊——"有人被石头砸中，发出了惨烈的叫声。

游客们四处逃生，各自寻找地方庇护，有的钻到山崖下躲避，有的跑到附近的小屋中避险。武田虽然见多识广，野外求生经验丰富，但毕竟是 69 岁的老人了，等他反应过来时，身边已经空无一人，而石头像雨一般倾泻下来，随时都可能被砸中脑袋。

"当时我以为自己要死了。"事后，武田告诉采访他的记者。出于本能，他把摄影包套在头上。这是一个又大又厚实的包，为了保护摄影器材，厂家还在包里专门设计了泡沫垫。

"嘭"，他刚刚把摄影包套在头上，一块小石头便从天而降，结结实实地砸在包上，巨大的冲击力差点儿把他打晕——如果不是摄影包的保护，他很可能会被砸得头破血流，甚至因此丢掉性命。

武田一边躲避石头雨，一边寻找安全的庇护所。"武田君，快到这里来！"这时旁边的山崖下传来一个声音。武田赶紧循着声音，摸黑向那里走去。无数小石头打在摄影包上，嘭嘭直响，虽然有摄影包的保护，武田还是感到头部一阵阵疼痛。短短的一小段路，他感觉像是走了一万年，直到躲到山崖下，他才如释重负地松了一口气。在山崖下躲避一阵后，火山喷发逐渐减弱，他和其他游客趁此机会赶紧向山下转移。

"我得救了！"当武田来到山下安全的地方时，禁不住老泪纵横。回想在山上被石头击中的一幕幕恐怖的情景，他对这个相伴了自己多年的摄影包充满了感激之情。

是的，如果没有摄影包的保护，武田的脑袋早就开花了，或者说，他可能早就长眠于山上了。

专家指出，当火山喷发，大量石块喷射出来时，一定要穿上厚衣服保护身体，同时更要注意保护头部，以免被飞石击伤。保护头部，

最好是戴上建筑工人使用的那种坚硬头盔（或摩托车头盔）。如果没有头盔，可以把手里的包顶在头上，或者把塞了纸团的帽子戴在头上，这样也能起到一定的保护作用。

往上风方向跑

火山爆发时，常伴有大量气体喷出。这些气体大都对人体有害，有些甚至能置人于死地。

让我们一起去看看发生在中非喀麦隆的一则惨案。

在喀麦隆，有一个名叫尼奥斯湖的美丽湖泊，湖水碧蓝澄澈，湖边绿草遍野，看上去令人心旷神怡。然而，这又是一个令人谈虎色变的杀人魔湖，它曾经制造了惨烈的"尼奥斯惨案"，1800多人为之殒命。

这究竟是一个怎样的湖泊呢？尼奥斯湖是喀麦隆最大的湖泊之一，它也是非洲最美丽、最有影响力的湖泊之一。尼奥斯湖边植被葱郁，景色奇美，非常适合人们居住，因此，尼奥斯湖周围村庄密集，数千人临湖而居，过着幸福快乐的生活。

然而，就是这样一个温馨美丽的大湖，却在一夜之间颠覆了人们对它的看法。1986年8月的一天，尼奥斯湖地区发生了一起震惊世界的特大惨案，上千人在一夜之间离奇死亡。

惨案发生后，尼奥斯湖边死尸遍地，惨不忍睹，而过去蓝色的湖水也彻底"变脸"，湖水不仅发红变黄，而且混浊不堪，湖面上，漂着不知从何而来的草垫子。山谷中，到处是已经死亡的牲畜。但令人奇怪的是，尽管村庄里人畜全部死亡，但却没有惊慌和挣扎的痕迹，有的在睡梦中安详地死去，有的躺倒在厨房的柴垛上，有的匍匐在火炉边，脸上全都没有痛苦的表情。

杀手是谁？有的说是湖边的村民们得罪了天神，神仙发怒，所以使上千村民们都受到了惩罚；有的说是吸血鬼作怪，它们趁夜深人静时悄悄吸光了村民们的鲜血；还有的说是湖怪杀人，因为村民们天天到湖里打鱼，为了保护水族，湖怪不得不下手杀了村民们；也有人认为，这是外星人干的坏事，因为只有外星人发达的科技，才能神不知鬼不觉地置人于死地。

"会不会是火山爆发呢？"根据幸存者的讲述，有科学家提出了这样的观点。因为惨案发生时既引发了爆炸，又产生了刺鼻气体，而且还导致了烧伤，根据这些特征推断，这个"凶手"只能是火山！

原来，尼奥斯湖可不是一般的湖泊，它是火山爆发形成的火山湖：火山大爆发之后，留下了巨大的凹陷火山口，河水和天上的降雨流进火山口里，从而形成了湖泊。从形成原因来说，尼奥斯湖本身就坐落在火山口上，它随时可能会因为火山的爆发而变成杀人恶魔。科学家认为，正是因为湖底的火山口再度爆发，熔岩和大量有毒气体从湖底冲出来，从而酿成了这起惨案。

火山毒气致人死亡事件，在许多火山喷发时都出现过。2014年9月日本御岳火山爆发造成数十人遇难，其中大部分遇难者便是死于有毒气体；1991年6月菲律宾皮纳图博火山大爆发导致800人死亡，有毒气体罪责难逃。火山爆发喷出的有毒气体甚至能造成大灾难，据英国科学家研究，恐龙灭绝很可能是缘于6500万年前的一次火山大爆发。火山喷发出的有毒气体不但直接造成一些恐龙的死亡，而且大量硫黄还进入大气，给地球气候造成毁灭性影响，从而摧毁了恐龙赖以生存的环境，导致了恐龙的灭绝。

火山喷发的有毒气体如此可怕，那我们如何才能避免受到伤害呢？专家指出，当有毒气体从火山口喷发出来后，影响毒气扩散的因素主要有风向、风速和地形条件：毒气总是向下风方向飘移，风速越大飘移越快，毒气的浓度下降也越快；低洼地形由于空气流通较慢，毒气不易扩散，会保持较高浓度，也更容易使人中毒。因此，火山爆发时，应向上风方向逃生，并尽量不要在地势低洼的地方躲避；要善于利用随手拿到的任何东西，做成简易防毒面具，如用湿手帕或湿围巾掩住口鼻，以过滤尘埃和毒气；有条件的应戴上防毒面具、护目镜、潜水面罩或眼罩，以保护眼睛。

千万记住：在躲避有毒气体时，一定要向上风方向逃生！

冲出火山灰

火山喷发时，大团灰黑色的烟雾冲天而起，这些烟雾就是火山灰。

火山灰是火山喷发时，岩石或岩浆被巨大能量粉碎而成的细小颗粒。单个火山灰的直径不超过2毫米，别看它们毫不起眼，但却是不折不扣的杀手。火山灰具有很强的刺激性，不仅会对人、牲畜的呼吸系统产生不良影响，有时还会带来直接灾难，如1991年皮纳图博火山喷发时，台风和大雨使又湿又重的火山灰降落到人口稠密地区后压塌屋顶，导致大约 200 人惨死。

我们还是来看一个火山灰逃生的事例吧。

在印度尼西亚松巴哇岛上，有一座叫坦博拉的火山，它海拔 2851 米，由于多年都没再喷发，整座山上长满了茂密的树林，山谷里，农民们种植的芭蕉树郁郁葱葱，玉米长势十分喜人。

然而，1815 年 4 月，这座火山发生了人类历史上最大规模的一次喷发，无数火山灰和沙土被抛向方圆 500 千米的天空，整个大地被黑暗笼罩，几百万人陷入了巨大的恐慌之中。当第一波火山大喷发过去后，火山喷射物和有毒气体接踵而至，当场造成数千人死亡。幸存下来的人们还未从惊恐中回过神，死亡之神再一次光临了。

这次带来灾难的是看似毫不起眼的火山灰。火山大喷发后不久，火山灰从天而降，纷纷扬扬地从天空飘洒下来。火山灰是那么的密集，那么的无穷无尽，仿佛是从天上倒下来似的。不一会儿，整个大地便铺上了厚厚的一层火山灰。伴随火山灰到来的是刺鼻难闻的气味，这种气味令人嗓子发痒，呼吸困难。但幸存者仍然坚守着家园，因为他们无处可去，唯一能做的事情，就是祈祷这场灾难尽快过去。

可是情况越来越不妙，火山灰飘洒了整整一天，仍然没有停止的迹象。大量的火山灰堆积在房顶上，不断有房屋被压垮。待在家中的人们，不得不离开自己的家园，踏上了漫长而艰辛的逃难之路。

当地农民阿里一家，也很快加入了逃难大军。阿里夫妇用家中唯一的老牛拉着胶皮车，载着家中细软和两个儿子向村外逃跑。因为吸入了火山灰，两个儿子咳嗽不止，而老牛也气喘吁吁，一路不停地抽搐。

路上的火山灰积得很厚，阿里一脚踩下去，几乎到了膝盖的位置，而胶皮车就像茫茫大海中飘浮的一叶小舟，随时都有被吞噬的危险。很快，老牛拉不动车了，它大口大口地喘着粗气，任凭阿里怎么抽打，也不肯迈出一步。最后，它一头栽倒在地上，再也没有站起来。

阿里和妻子不得不一人拖着一个儿子继续向前走。四周黑暗一片，他们走啊走，在铺天盖地的火山灰中跋涉了整整一天，但都没有走出火山灰的包围，两个儿子因心肺衰竭先后停止了呼吸。后来他们夫妇被军队救起，幸运地逃过了劫难。

这次火山大喷发至少造成 7.1 万人死亡，除了大约 1.2 万人直接死于火山喷发外，大部分死于火山灰灾难。距火山 3 千米处的住宅及其他建筑全被火山灰压垮，距火山口 40 千米外的地方火山灰也有 13 米厚。火山灰还倾泻到马都拉和爪哇等岛屿，火山附近地区的火山灰足有一米厚，甚至 750 千米外的婆罗岛上也落下了火山灰。

火山灰的危害如此之大，我们如何才能避免它带来的伤害呢？专家指出，应对火山灰要做到以下几点：一、火山喷发时，为了防止火山灰对身体造成伤害，要用湿布掩住嘴和鼻子，如果条件允许，最好戴上专业防毒面具；二、火山灰堆积过多时会压垮房屋，所以应及时清理房顶上的火山灰，当火山灰越来越多无法清理时，应赶紧离开房屋；三、逃生过程中，如果火山灰阻塞道路，一定要放弃车辆，迅速向大路逃跑；四、到达安全区域后，要脱去身上的衣服，彻底洗净暴露在外的皮肤，并用干净水冲洗眼睛。

戴上护目镜

火山喷发时，老天有时也会助纣为虐，下起雨来。

也许你会说，雨水不是有助于缓解或消除火山灾难吗？不，事实恰恰相反，火山喷发时下雨并不是什么好事。

1991年6月9日，菲律宾的皮纳图博火山突然猛烈喷发。在距离火山仅数千米的一个村庄里火山灰漫天飘舞，整个村庄陷入了前所未有的恐慌之中。黑雪飘了一阵后，不可思议的现象出现了。一些滚烫的小石头从天而降，它们没头没脑地砸下来，砸得村子里的牛羊四处乱跑，田里的庄稼也被成片砸坏，甚至有些屋顶也被砸破了。

"赶快抢收庄稼，保护牛羊！"村长阿普拉大声喊道。他戴上大草帽，身上披着湿蓑衣，迅速冲出了屋子。村民们也和他一样，全副武装地冲进了庄稼地里。

看着父亲他们远去后，阿普拉的两个孩子——10岁的利加雅和9岁的费迪在家里坐不住了。

"姐姐，咱们也去帮大人们抢收庄稼吧！"费迪跃跃欲试。

"我觉得应该去保护村头那口水井，"利加雅想了想说，"如果井水被黑雪污染，村子里的人喝水就很困难了。"

"对呀，保护水井更重要！"费迪眼睛一亮，"爸爸他们都只顾抢收庄稼，忘了保护水井了，咱们赶紧出发吧！"

这时已经不再有小石头落下了。两人用湿手帕捂住鼻子，深一脚浅一脚地向村头的水井走去。村头的水井是全村人唯一的饮用水源，村民们在井口修了座一米多高的小井屋，把它严严实实地罩了起来。等他们赶到井边时，发现井屋的屋顶已经被石头砸了几个大洞，黑黑的火山灰顺着洞口落到井里。

"屋顶破了，怎么办？"费迪看着那几个大洞，着急地说。

"只有用坚硬的东西盖在屋顶上，才不怕石头砸，"利加雅说，"可是用什么东西好呢？"

"有了，"费迪用手一指地下，"这里不是有许多小石板吗，咱们一起动手吧。"

两人合力抬起地上的石板，一层一层地盖在了屋顶上。

这时，天上的火山灰似乎没有刚才那么多了。姐弟俩擦了擦额头的汗水，正想坐下来喘口气，突然四周响起噼里啪啦的声音，一阵急促的雨点劈头盖脸打了下来。

"啊，这雨怎么有一股怪味，好刺鼻啊！"费迪惊叫起来。

雨越下越大，姐弟俩的身上很快便淋湿了，雨水还顺着头发，流进了他们的眼睛里。两人感到眼睛一阵阵刺疼，身上的皮肤也像被灼伤了似的，火烧火燎地疼痛起来。

"姐姐，我的眼睛快要瞎了。"费迪拼命揉着眼睛，急得快哭了。

"嗯，我的眼睛也疼，咱们快回家吧。"利加雅赶紧拉着弟弟往回走。

两人狼狈不堪地回到家中，他们的父亲阿普拉已经回来了。看到姐弟俩的情形，阿普拉赶紧用干净水给他们冲洗眼睛，又让两人洗了一个澡，姐弟俩的不适才慢慢有所好转。

在这个事例中，利加雅和费迪遭遇的是硫黄雨，它是火山灰中的硫黄随雨降落形成的。硫黄与雨水混合后反应生成的硫酸会灼伤人的皮肤、眼睛和黏膜等。专家指出，如果不幸遇到硫黄雨，要记得戴上护目镜、通气管面罩或滑雪镜等保护眼睛（不要用太阳镜，因为它对硫黄雨没有防护作用）；同时用一块湿布掩住口鼻，跑到安全区域后，要及时用热水彻底冲洗身体，并用干净水冲洗眼睛。

跑到高处去

上面我们说过，火山喷发时下雨不是一件好事，雨水除了会带来硫黄雨，如果下大雨或暴雨，还会制造另一种可怕的灾难——火山泥流。

火山泥流，是大量的水和火山灰、火山砾、火山块等火山碎屑形成的。除了大雨和暴雨外，火山口湖崩溃、高山冰雪融化等也能制造这种灾难。

火山泥流的外表，很像搅拌机制造出来的混凝土灰浆，当它们沿着山谷高速冲下时，速度可以达到85千米每时以上，并能影响到上百千米外的地区，桥梁、建筑物都可能会被破坏并被搬运到很远的地方。人和动物一旦遭遇火山泥流，生还的可能性一般很小。

火山泥流制造的灾难比比皆是。1985年11月13日，哥伦比亚的鲁伊斯火山喷发后，火山泥流奔腾而下，将山脚下的阿美罗镇完全毁灭，造成了巨大灾难；1953年12月，新西兰北岛的鲁阿佩胡火山喷发引起火山泥流，共有151人丧生；2011年1月4日，印度尼西亚的默拉皮火山喷发，造成大约300人死亡，可怕的火山泥流还肆虐该国的马吉冷市，致使当地1000多名居民被迫转移。

默拉皮火山喷发的过程中，当火山泥流袭来时，一个村庄因为小狗通风报信使得全村人提前转移而避免了灭顶之灾。

这个村庄距离默拉皮火山大约有十多千米，因为火山喷发对村庄影响较小，村里人都没怎么放在心上，大家像平时一样到地里干活。火山喷发后没多久，天上下起了瓢泼大雨。雨越下越大，村民们赶紧回到各自的家中避雨。

一个叫阿培的村民坚持干完地里的活后，才收拾起农具准备回家。这时，他喂养的小狗湿漉漉地跑到他身边，时而汪汪大叫，时而用嘴撕扯他的裤脚。"不要叫了，咱们赶紧回家吧！"阿培抱起小狗，不料一松手，它又猛地跳到地上，冲着村外的一个山谷狂叫起来。"你发现什么了？"阿培奇怪地向那个山谷望去，只见一条灰色的带子正迅速向村子冲来。汪汪汪汪，小狗表现得更加疯狂，叫声近乎呜咽。

灰色的带子越来越近，阿培很快看清楚了：它是一条由泥流组成的带子，带子经过的地方，所有的一切都被掩埋得无影无踪。

"啊！"阿培脸色大变，赶紧扔下农具，带着小狗向村里跑去。

接到阿培的报告后，村长立即通知全村人撤离。可在这节骨眼上，有人却因为舍不得家产不肯撤离。

"你是要命呢，还是要家产？"村长立即叫人把不肯撤离的人抬走。

一场大撤离在全村紧急展开。除了随身携带的物品，村民们放弃了大部分的财产，包括房屋、庄稼、牛羊等等。

火山泥流离村子越来越近，大家甚至能听到雷鸣般的轰隆声。"时间来不及了，赶紧爬上前面那座小山。"村长指着村子西面说。那是一座一百多米高的小山，村民们刚刚爬到小山上，火山泥流便横冲直撞地冲进了村子里。

火山泥流首先吞噬村头的玉米地和芭蕉园。只见黏稠的泥流快速流动，只十多秒时间，绿油油的玉米地和芭蕉园便不见了踪影。

很快，火山泥流又扑向了村民们的房屋。一座座石头房屋如积木般，被轻而易举地推垮、淹没，转眼间，房屋都不见了，美丽的小山村成了一片可怕的泥浆地。

"幸亏大家及时撤离，否则后果不堪设想。"村长走到阿培面前鞠了一躬说，"谢谢你救了全村人的性命！"

"应该感谢的是它！"阿培抱起小狗说，"如果不是它提醒，我不可能那么快发现险情。"

"不管如何，我代表全村老少感谢你们！"村长诚挚地说。

当天，火山泥流在其他地方造成了人员伤亡，一些还没来得及转移的人遇难了。

专家告诉我们，对付火山泥流，首先要关注天气情况，火山喷发之后，如果在火山及周边一带有强降雨时，一定要高度警觉（即使没有降雨，但火山口有湖泊或山顶有积雪时，也要提高警惕），一旦发现有异常立即转移；其次，当火山泥流袭来时，逃生只有一个办法，那就是跑到安全的高地上，特别是要跑到与泥流成垂直方向的山坡上，爬得越高越好，跑得越快越好。

千万要记住：绝对不能往火山泥流的下方跑，因为你跑得再快，也绝对跑不过火山泥流！

警惕水边劫难

火山灰和水结合形成的火山泥流，不但会毁坏村庄，湮没道路，当它们冲进江河或湖泊时，会阻塞河流或激起很高的大浪，而且当它们冲进海里时，还会制造可怕的海啸灾难。

1980年5月18日上午8时32分，美国华盛顿州的圣海伦斯火山喷发时，山顶上大量的积雪和冰层被灼热的岩浆融化，融化的雪水与火山灰汇合在一起，形成可怕的火山泥流。泥流从山顶顺坡而下时，以100～200千米每时的速度直冲山下（这个速度算得上是滑坡的最高纪录），沿途冲走了很多人、房屋、桥梁和宿营用的木料。火山泥流大部分流入了图特尔河和哥伦比亚河，造成河流堵塞，河水变得十分滚烫，大量鱼儿被热地跳出了水面。因为大量泥浆流进河里，使河水浅得已经无法行船，人们不得不暂时关闭了港口。

另有一部分火山泥流带着大量岩石和冰块，流进了附近的斯皮里特湖，掀起了大浪，当时在湖边钓鱼的人们，被这突如其来的灾难吓得魂不守舍。

四十多岁的约翰逊，当天上午正同几名钓鱼爱好者一起在湖边钓鱼。斯皮里特湖是一个十分美丽的湖泊，湖水来自于周围的雪山融水，这里湖面开阔，湖水较深。因为环境保护得很好，湖中的鱼儿成群结队，这里历来便是钓鱼者的天堂。

　　下饵、收竿，不一会儿，约翰逊便钓到了两条沉甸甸的大鱼，而他的同伴们也收获不小。大家一边钓鱼，一边欣赏湖边的美丽景色。

　　就在这时，圣海伦斯火山喷发了。约翰逊他们先是感受到地面震动，紧接着听到山顶方向传来猛烈的响声，随后，火山灰冲天而起，火红的熔岩喷溅出来。

　　"火山喷发了，赶紧离开吧!"一个同伴感到有些害怕。

　　"火山离咱们远着哩，不妨事。"另一个同伴望了望山顶方向，心不在焉地说，"这里鱼很多，多钓一会儿再回去吧。"

　　约翰逊也同意了这一看法，因为火山喷发的地方离斯皮里特湖有较长一段距离，根据他的判断，他们应该不会有什么危险。

　　于是，他们不但没有撤离，反而更加专心致志地钓起鱼来。

　　"轰轰轰"，这时山顶方向突然传来打雷似的声音。这雷声持续不断，并且越来越近，越来越猛烈。约翰逊抬头一看，不禁目瞪口呆：山谷里，灰色的泥流正像脱缰的野马一般向湖边涌来。

　　"不好了，快跑!"约翰逊大叫一声，撒腿就跑。他的同伴们见势不妙，也扔下渔竿狂奔起来。

　　"轰隆"，跑出几百米后，他们身后传来一声巨响，巨大的水柱冲

天而起，一时间竟然遮住了天空，没等他们反应过来，一堵数米高的巨浪便涌到了岸边。浪头一推，几个人被打翻在地。他们像树叶一般，被浪头裹挟着朝湖里涌去。幸运的是，约翰逊拼命抱住了岸边一棵大树的枝干，侥幸捡回了一条命，而他的同伴们却被巨浪卷到湖里，再也没能回来。

这次火山泥流形成的湖泊灾难，可以说令人十分震惊。不过，与火山泥流形成的海啸相比，这只能算是小菜一碟了。1883 年 8 月，印度尼西亚的喀拉喀托火山喷发时，火山泥流高速冲进海里，激起了海啸，最大的巨浪高达 37 米，造成爪哇岛和苏门答腊岛沿岸附近几座城市约万人丧生，巨浪还越过印度洋，毁坏了印度加尔各答港和澳大利亚珀斯港；1792 年，日本的云仙火山喷发，造成火山斜坡倒塌，火山泥流和滑落的山体坠入海洋，引发了可怕的海啸，超过 1.5 万人死亡。

专家告诫我们，火山喷发时，居住在江河湖泊以及海边的人们一定要高度警惕，最好提前转移到安全地方；如果你是到邻近火山的海边或江河湖泊景区游玩，一旦火山喷发，也要赶紧转移，千万不能待在水边。

警惕空中危险

火山喷发时，不但会在陆上和水上制造灾难，而且还会给空中飞行造成危险。这个危险是对空中飞行的飞机。

1982 年 6 月 24 日晚，一架飞机平稳地飞行在印度尼西亚上空。这是英国航空公司所属的一架客机，机型为波音 747－200，机上乘客247 人，机组人员 16 人。客机是从马来西亚起飞，途经印度尼西亚后，最终将抵达澳大利亚的珀斯。

"女士们，先生们，我是机长埃里克·穆迪，我们的飞机已经来到了印度尼西亚的苏门答腊岛，飞行高度为 11500 米，现在正向爪哇岛方向飞行。飞行时间有好几个小时，请大家不要着急，你们可以一边品尝我们提供的晚餐，一边观看飞机上播放的电影。各位，晚安!"机长穆迪广播完后，起身到客舱巡视了一遍。旅客们的情绪看起来很不错，有的轻声交谈，有的专心看电影，还有的在看书。他与一名旅客小声交谈了一会儿后，这时副驾驶走进客舱，请他赶紧回到驾驶舱去。

"怎么回事?"穆迪心头一紧。

"前方好像出现了状况。"副驾驶回答。

"是吗?"穆迪赶紧一看，果然发现驾驶舱前方出现了耀眼的闪电，看上去像是在放烟火。

穆迪和副驾驶正要对烟火进行分析，飞机突然出现了异常情况：4 号发动机失灵了。

"不要紧，飞机仍可正常飞行。"穆迪和机组人员并不慌张，因为飞机上还有 3 部发动机。

"不好，2 号发动机也失灵了!"二十秒后，副驾驶大声报告。

"1 号发动机失灵!"

"3 号发动机失灵……"

短短一分钟之内，机上的 4 部发动机竟然全部停止了运转! 飞机失去动力，像折断翅膀的大鸟般急速下坠。"赶快发出求救信号!"此刻穆迪大脑一片空白。

此时的客舱里，旅客们已经意识到了即将到来的危险：大家先是察觉飞机在剧烈抖动，接着放映机冒烟，然后又感觉到飞机正向下跌落。

尽管穆迪在广播中声称飞机只是出了一点儿小问题，叫大家不要慌张，但随着机舱里烟雾越来越浓，旅客们头顶上方的氧气面罩自动脱落，机舱里所有的灯熄灭，每个人都不由自主地慌乱起来。

此时，飞机已在空中下降了几千米。发动机仍然无法启动，由于电力停止，空调无法工作，机舱里的氛围越发紧张，大家都有一种大祸临头的感觉。

在令人胆战心惊的十多分钟里，飞机一直不停地下降。当飞机下降到 4000 米高度时，一部发动机突然启动了，接下来又一部启动了，最后一分钟内第三部、第四部发动机也都启动了。飞机再次发出巨大轰鸣声，伴随着乘客们的欢呼声，重新向万米高空爬升。最后，飞机安全抵达目的地，乘客们有惊无险地结束了此行旅程。

事后，乘客们才知道，导致飞机故障的原因，是爪哇岛加隆贡火山爆发喷出的火山灰。那天晚上，当飞机飞到加隆贡火山上空时，火山正好爆发，由于晚上外面一团漆黑，穆迪机长和其他机组人员都没看到火山灰云，而雷达也未显示出来；飞机从火山灰云中穿过时，发动机吸入了大量火山灰，所以全部停止了运转。后来飞行高度下降，气流吹走了火山灰，于是发动机又再次启动了。

专家指出，在火山爆发时，喷出的火山灰云不但能使飞机发动机失灵，而且喷射出的可见或不可见的光、电、磁、声和放射性物质等可能会造成仪器等失灵，所以飞行员在夜间飞行时，一定要特别留意外面的情况，尤其是飞机从火山上空飞过时，更要提高警惕。

如果你乘坐飞机时，遇到发动机失灵的情况，不要绝望和惊慌，应按照以下步骤做好应急准备：一、保持最稳定的安全体位，弯腰并用双手握住膝盖，把头放在膝盖上，两脚前伸紧贴地板；二、舱内出现烟雾时，一定要使头部处于可能的最低位置，屏住呼吸并用水浇湿毛巾或手绢，捂住口鼻后才能呼吸；三、当机舱"破裂减压"时，要立即带上氧气面罩，若飞机在海洋上空遇险，要立即穿上救生衣；四、飞机下坠时，要对自己大声呼喊"不要昏迷，要清醒！"并竭力睁大眼睛，用这种自我心理刺激避免被"震昏"；五、飞机迫降时，一般应采用前倾后屈的姿势，即头低下，两腿分开，两手用力抓住双脚。在飞机触地前一瞬间，应全身用力，憋住气，使全身肌肉处于紧张对抗外力的状态，以防猛烈的冲击；六、飞机撞地轰响的一瞬间，要飞速解开安全带，猛然冲向机舱尾部或朝着有光亮的地方跑，在油箱爆炸之前远离飞机残骸。

当心泥火山喷发

泥火山虽然有"火山"二字，但它却与火山有本质的区别。火山喷出的是熔岩、碎屑流、毒气、火山灰等，而泥火山不喷发这些东西，它喷出的是水、泥、沙及岩屑组成的混合物。专家指出，泥火山与火山有一定的"血缘"关系，当火山活动进入尾声，也就是说地下岩浆不再喷发、但还具备一定的喷发功能时，就有可能把地下的泥、沙和岩屑喷出来形成泥火山。不过，也有的泥火山与火山完全不沾边，它是地下天然气在压力作用下，裹挟着水、泥、沙和岩屑一起喷出地表堆成的泥丘。中国新疆的独山子泥火山便属于这种类型，此外中国台湾省台南和高雄之间也有不少这样的泥火山。

世界上，只有美国、墨西哥、新西兰、印度尼西亚等少数国家存在泥火山。印度尼西亚的鲁西泥火山是世界最大的泥火山。专家指出，泥火山虽然只会喷出泥浆和气体，但危害仍然不可被忽视。

下面，咱们来看看鲁西泥火山制造的灾难。

2006 年 5 月 29 日，鲁西泥火山在毫无征兆的情况下突然喷发，上千公顷泥浆从地面裂口涌出，湮没了 12 座村庄、30 家工厂和数十间商店，一条繁忙的高速公路也被泥浆拦腰切断。这场被称为世上最稀奇灾难之一的事件，共造成 12 人死亡，4 万人被迫逃离家园。

一名叫苏摩诺的当地人是这场灾难的见证人。当时，二十出头的苏摩诺居住在鲁西泥火山附近的一个村庄，他每天早出晚归，到离家一千米外的一家工厂去干活。5 月 29 日傍晚，苏摩诺下班后，走到离家不远的地方，突然看到村里人惊慌地往外逃跑，在他们身后，泥浆铺天盖地，步步紧逼，看上去像灾难片中的恐怖场景。很快泥浆涌进村庄，房屋被吞噬了，庄稼地不见了，所有的家畜四处乱窜，其中一些小牛和猪被吓得慌不择路跑进了泥浆中，它们立刻被陷住，并被随后涌来的大团泥浆掩埋……到处都是哭喊声、惨叫声和悲鸣声。村庄被吞噬后，泥浆仍然没有停下来，而是以更快的速度向前推进。

泥浆以摧枯拉朽之势，吞噬了一切，所过之处的村庄、道路、森林等全都变成了可怕的泥浆地。

苏摩诺在逃难的人群中找到了家人，母亲哭着告诉他，家里的一切全没了，房屋、粮食、家具，以及庄稼地，现在全家人已经一无所有。苏摩诺安慰母亲，说只要工厂在，他就可以打工挣钱养活全家——然而，令他没有想到的是，泥浆一直不停地流淌，没等到天黑，他打工的那家工厂已经被泥浆淹埋了。为了活命，苏摩诺和家人只得继续逃命。

这次泥火山喷发，使得印度尼西亚第二大城市——泗水市有 25 家工厂被埋在了厚达十多米的泥浆下。泥火山喷发区形成了一片面积超过 700 公顷的泥浆湖。当年 11 月，在成千上万吨泥浆的重压下，地下的天然气管道发生断裂并引发爆炸，导致 13 人丧生。

2008 年，鲁西泥火山再度发威，喷出的泥浆吞噬了东爪哇的希多阿乔村。此次喷发后没几年，当地成了灾难旅游区，苏摩诺和其他村民一起，每天用电动车将旅客带到火山泥覆盖的地方，一遍又一遍地讲述曾经发生的灾难。他告诉游客们，泥浆夺取了他的家，也夺取了他谋生的工厂。

据科学家预测，鲁西泥火山未来还可能会喷发，所以它仍是一枚危险的"地下核弹"。同样危险的，还有美国、墨西哥、新西兰等国家的泥火山，甚至中国新疆的独山子泥火山也存在危险性。

要避免泥火山灾难，最好是不去泥火山所在的地区旅游。如果你无法抵御它的诱惑，在旅游中不幸遭遇泥火山喷发，最好的逃生办法就是跑；在逃跑过程中，千万不能往泥浆的流动方向跑，而应往与泥浆流向成垂直方向的山坡上跑。

阻止熔岩流

前面我们介绍了火山喷发时的一系列逃生自救知识，现在来说说人类防御火山灾难的一些办法。

熔岩流是火山喷发出的岩浆形成的红色河流，这条滚烫无比的河流流到哪里，哪里的一切便会被吞噬得干干净净。当熔岩流向村庄或城镇、港口等涌来时，人们除了逃跑之外，还有没有别的办法呢？

1991 年，意大利西西里岛的埃特纳火山喷发时，大量岩浆从地下喷出来，形成了一条恐怖的红色河流。这条熔岩流虽然流速缓慢，但无坚不摧，并且其流动方向始终朝着一个叫扎弗恩的村庄。

为了拯救村庄，科学家来这里考察后，提出了一个切实可行的方案——分流熔岩流，即在熔岩流必经的地方，提前挖一条河道，将熔岩从这条河道引向大海。听说这个办法可以拯救家园，村里的壮劳力全部出动，很快，一支上百人的挖河大军组成了。

村民在距离熔岩几千米远的地方，开始了紧张的挖掘工作。与此同时，火山喷发得更厉害了，红红的熔岩也加快了流动速度，它们像张牙舞爪的恶魔，渐渐向人们逼近。挖河大军夜以继日地工作，终于将河道挖到了海边。这时，一些熔岩已经流到了河道里，它们顺着深深的河道，乖乖向大海方向流去。最终，熔岩流进大海，村民成功保住了村庄。

成功阻止熔岩流的，还有赫马岛上的居民们。

赫马岛是欧洲国家冰岛所属的一个岛屿。1973 年 1 月的一天，赫马岛的居民们惊恐地发现地上出现了一个巨大裂缝，它足足有 2 千米

长，看上去十分恐怖。几天之后，这个地裂缝上升了 200 米高，变成了一座喷发的火山。一时间，火山灰降落在岛上，熔岩也从地上涌出来，人们目光所及之处全是一片火海。熔岩继续喷涌，形成了可怕的洪流，缓慢地流向赫马岛人口最密集的地方——港口。

如果港口被熔岩吞噬，那么岛上人们赖以生存的捕鱼业将不复存在，而若不能捕鱼，赫马岛就将成为无人之岛。出于安全考虑，大部分居民早就离开了这里。可还有一群人没有离开，他们决心与熔岩搏斗一番。可是怎么才能阻止熔岩流动呢？

一天，有个人灵机一动：水不是能灭火吗？如果向熔岩喷水，使其变冷、变硬，说不定会让熔岩流停下来。在他的建议下，人们建立了一个救火水车系统，并用这个系统抽取了几百万吨海水喷洒熔岩。这项冒险工程真的见效了：前面的熔岩冷凝并硬化，使得后面的熔岩改变了方向，复活节这天，熔岩改道了！这不仅挽救了海港，而且使海港变得更好，因为熔岩使海港口岸加长了很多，更加有助于抵抗海浪的冲击。制服熔岩流后，那些离开的岛民们又都重返家园，开始了新的生活。

除了以上两种方法，人们还尝试过制服熔岩流的其他方法：一是

阻挡法，即横切熔岩流建一条堤坝，如 1983 年埃特纳火山爆发时，那里建的堤坝确实起到了保护重要建筑物的作用；二是轰炸法，即用炸弹轰炸，炸开熔岩表面冷凝的硬皮，以降低熔岩的流速，这个办法在夏威夷用过几次，据说效果不错。

今天，人们在同火山较量的过程中，仍在寻找更加积极有效的办法阻止熔岩流，以最大可能地避免熔岩流带来的危害。

火山喷发早知道

火山喷发是可怕的灾难，不过，火山灾难是可以防范的。火山喷发虽然看起来很突然，但它是有规律的，喷发前兆也比地震明显得多。为了准确、及时预报火山喷发，科学家们一直在不懈地努力，并成功地对一些火山喷发做出了准确预报。

科学家们最大的依赖是地震监测。地震与火山可以说是地球的"孪生子"，火山喷发前，由于火山岩外壳出现破裂，火山震动有所增加，这表明火山接近喷发。有时人体无法感受到微震的发生，只有地震仪能够监测到，如圣海伦斯火山在 1980 年 5 月大喷发前，当地相关部门曾监测到每天 3 级地震达 30 次之多；苏弗里耶尔火山在 1979 年 4 月大喷发前，可感知的地震每小时达 15 次。专家指出，地震监测是预报火山喷发的一个重要指标，在活火山的周围一般都设有地震监测站，如美国圣海伦斯火山周围有 13 个，夏威夷岛基拉韦厄火山周围有 47 个，印度尼西亚默拉皮火山周围有 6 个。

下面，咱们来看两个典型事例。

1991 年 4 月 2 日，菲律宾皮纳图博火山地区发生了蒸汽爆发。菲律宾火山和地震研究所接到报告后，开始对皮纳图博火山进行地震和光学观测。但糟糕的是，这是人们首次对皮纳图博火山进行监测，没有地震活动的背景资料，很难区分正常地震活动和异常地震活动。当地震频繁，出现震群，蒸汽不断喷发，人们才认识到了事态的严重性。在菲律宾火山专家的邀请下，4月23日，3名美国地质调查局的科学家加入了监测皮纳图博火山的队伍，并带去了先进的仪器。6月7日，菲律宾火山和地震研究所根据监测结果，宣布火山进入最高警戒，同时提出将疏散半径设置为20千米。6月10日，大约有2.5万人从离火山最近的村庄撤走，有约1.45万名家属和随从人员从火山附近的美国克拉克空军基地撤离。

6月15日下午，皮纳图博火山喷发了，共喷射出大约5立方千米的岩浆，并将一个巨大的火山灰云喷射到32千米的高空。此次火山喷发的规模是1980年圣海伦斯火山的10倍。据悉，当时有100万人的生命安全受到威胁，但优秀的预警系统最终挽救了成千上万人的生命。

日本在火山监测和预报方面也做得不错。日本气象厅对境内的 47 座火山实行 24 小时监控，一旦发现异常便会提前通知当地居民转移。2000 年 3 月，日本气象厅工作人员监测到北海道有珠山出现了频繁地震。有珠山是一座活火山，海拔 737 米，山上风光优美，周边地区居民和游客众多，如果火山突然喷发，很可能会造成重大伤亡。气象厅工作人员进行会商后，预测有珠山喷发的可能性很大，于是立即通知了当地政府。在政府的组织下，火山附近的约 1.5 万名居民提前进行了避难转移，两天后，火山大规模喷发，但由于预测准确，实现了零伤亡。

中国在这方面也做了大量工作，如在云南省腾冲县及东北地区的长白山等地，地震部门均建立了火山监测网络，一旦火山"苏醒"，监测人员便会提前知晓，并通知当地群众紧急转移。

当然，利用地震监测来预报火山也不是百分之百准确，如 2015 年 8 月 15 日，日本樱岛火山附近的地震站监测到上千次火山性地震，日本气象厅认为樱岛火山发生大型喷发的可能性很高，并把警戒级别从 3 级（禁止上山）提升到 4 级（准备避难），结果这只是一场虚惊。

不过，对政府部门发布的火山预报，我们一定要高度重视，宁可信其有，不可信其无，只有迅速转移，才有可能避免火山灾难。

预报危险的歌声

2007 年 2 月下旬，意大利斯特龙博利岛上的斯特龙博利火山出现持续喷发。喷发之前，岛上的居民在听到一阵悦耳的歌声后，赶紧携带细软转移，而来这里旅游的人们却困惑不解，直到听了相关人士的解释后，才赶紧跟着转移去了安全地方。

歌声和火山喷发之间有什么联系呢？

原来，斯特龙博利火山是欧洲最活跃的火山之一，常有浓烟和岩浆从火山口喷出。2002 年 12 月的一天，斯特龙博利火山突然喷发，火山一面山坡发生滑坡，泥石落入海中激起高达 10 米的大浪。岸边的一个小村庄遭到大浪袭击，多座房屋被毁坏。次年春天，斯特龙博利火山再次喷发，岩浆在空中冷凝后形成石块，落入居民聚居区，砸坏多间房间，当地居民的生活受到严重影响，广大游客的安全也受到很大威胁。夏天时，来这里旅游观光的游客会骤增到数千人，游客们大多都会攀登至海拔达 900 多米的火山顶端，欣赏火山口岩浆涌动的场景。

为了保障岛上居民和游客的安全，地震学家在岛上建立了火山监测系统，生性浪漫的意大利人还利用电脑，把火山喷发时记录到的地震数据变成了悦耳的歌声，据说这样能帮助岛上的人们成功逃生。

这种悦耳的歌声是怎么制作出来的呢？原来，意大利地震学家处理火山喷发信息使用的电脑系统的计算和数据处理功能均十分强大。

他们将火山喷发时记录到的地震数据，转变成隆隆声、吼声和其他声音信号，再经过信号处理，就让火山"唱"出了各种悦耳的音乐：有的如窗外的风声，有的如海浪涌动的波涛声，有的如发动机的轰鸣声……对于为啥要将火山喷发警报制作成音乐声，有位科学家解释："人耳是极为敏感的感觉器官，足以捕捉到火山'音乐'中所透出的杀气。"

每当歌声响起时，岛上的居民就会提前做好转移准备。2007 年 2 月，火山开始喷发前，一位居民告诉意大利一家电视台说："我们参加过多次演习，已经做好准备。昨天音乐声响起后，我们就集中到了露天广场。"不过，对初次来岛上的游客来说，可能会对歌声不以为意，所幸的是，导游会及时提醒游客们转移。

意大利人利用歌声提醒居民和游客转移，而在新西兰，科学家们则利用地裂缝来预报火山喷发的时间。

新西兰是一个岛国，也是火山活跃的地区，特别是该国的鲁阿佩胡火山经常喷发，科学家们从该火山的大规模喷发中，搜集了大量的科学数据，他们发现火山喷发前后，地球地心内部发出的声波会呈现有规律的变化，这些声波是地表之下的岩石层断裂所形成的。在火山喷发之前，地壳通常会出现裂缝，这样，人类只要密切观察那些裂缝形成的方向，就能够提前预报火山灾害发生的准确时间了。

科学家同时也指出，在收集到更多的相关资料之前，这种预报火山灾害的新方法只能作为各种预报技术的补充。

除了上述预报方法之外，还有科学家利用地球磁场、电场等的变化来监测火山喷发。如 1986 年日本伊豆大岛火山喷发的前几年，地磁场开始出现异常变化，而在火山喷发前大约一年异常十分明显，在火山喷发前三个月异常达到极大值。所以，用仪器测量地下电磁变化，也能对火山喷发进行监测。

不管用哪种方法，现在监测和预报火山喷发尚有很大难度，所以我们必须掌握丰富的逃生和自救知识，才能在火山灾难来临时尽可能减少伤亡。

火山逃生准则

下面咱们一起来总结火山逃生自救的准则。

第一，重视和识别火山喷发前兆，提前安全转移。可以用"一看、二听、三闻、四感"来识别火山喷发前兆。一看，即观察火山是否喷烟、地面是否有裂缝或隆起、附近的小河是否涨水、动物是否异常等等；二听，即仔细倾听火山内部是否发出隆隆响声；三闻，即是否闻到火山发出的刺激性气味；四感，即感觉火山周围是否有地震发生。

第二，如果不幸遭遇火山喷发时，首先要保护头部，用湿毛巾或湿衣服掩住口鼻，有条件的还应戴上护目镜保护眼睛，并赶紧找结实牢固的地方躲起来。若火山喷发时伴随碎屑流，应躲入坚固的地下室；若有炽云喷射而出时，应立即就近躲入小河里；若有毒气喷出，应尽量朝上风方向跑。

第三，在火山停止喷发的间歇，应迅速逃离，逃跑时可利用一切可用的交通工具（若火山灰阻塞道路则不可乘车），朝着与熔岩流向垂直的斜下方逃跑。当火山泥流发生时，要迅速跑到高处。

第四，为减轻或避免火山灰伤害，要注意保护好口鼻、眼睛和皮肤，并注意清理房顶上堆积的火山灰。在水边时，要迅速撤离到安全区域，警惕火山泥流引发的大浪或者海啸。

火山灾难
启示录

喀拉喀托火山大喷发

印度尼西亚是火山之国，那里的火山活动十分频繁，火山喷发往往会造成巨大灾难。

1883 年，该国一座叫喀拉喀托的火山发生了一次大喷发。这是人类历史上最大的火山喷发之一，它的威力之猛、强度之大世所罕见，人称"声震一万里，灰撒三大洋"。该次火山喷发和引发的海啸摧毁了数百座村庄和城市，36000 多人死于非命，造成的灾难影响十分惊人。

一座不起眼的火山

在火山大家族中，喀拉喀托火山可谓"身材"娇小：它的海拔仅813 米，水上面积 10.5 平方千米，这与那些高大巍峨的火山相比只能算小山岳。不过，有的时候，火山活动力的强弱，并不取决于火山的高低和山体的大小，而与火山的脾气有关，喀拉喀托火山正好验证了这一理论。

喀拉喀托火山位于印度尼西亚巽他海峡的拉卡塔岛上，岛是一座山，山是一座岛，它的东边是爪哇岛，西边是苏门答腊岛，喀拉喀托火山处于这两个大岛的夹击之下，仿佛是一个受气的小媳妇。最初，喀拉喀托的火山口和火山锥都隐没于海中，后来经过一系列喷发，其"个头"不停长高，逐渐露出海面并形成一个岛屿，这就是拉卡塔岛。

虽然修成了正果，不过"身材"矮小的喀拉喀托火山还是毫不起眼，人们根本没想到它会制造一场大灾难。

在 1883 年这次大喷发之前，喀拉喀托火山已经沉寂了两个多世纪。它的上一次喷发还得追溯到 1680 年，而正是那次喷发，喀拉喀托火山从海中露出水面。之后，它便沉沉酣睡过去。这一睡便是两百多年，由于地处热带，降雨丰沛，被火山灰覆盖的岛屿上植被茂密，郁郁葱葱，这使得人们认为它是一座死火山，已经不会再喷发了。

开始苏醒的火山

灾难是从 1883 年 5 月 20 日开始的。这一天，一名叫阿里的爪哇渔民带着十多岁的儿子，到拉卡塔岛附近的海域去打鱼。因为拉卡塔岛面积很小，岛上丛林密布，所以几乎无人居住，只有一些附近的渔民偶尔会去岛上休息，这其中便包括阿里。这天上午，阿里和儿子驾着小船，打了一上午鱼后，正要去岛上的浅滩处休息和吃饭，突然间，岛上传来轰隆一声响，震得整个岛屿都似乎颤抖起来。"先别上岸！"阿里意识到什么，赶紧把船停了下来。

父子俩四处张望，这时眼尖的儿子指着前方，表情十分惊恐地叫了起来："阿爸，山顶上冒烟了！"

阿里向山顶看去，果然见远处的山顶上浓烟滚滚，隐隐还有火星闪烁。

"不好，山神发怒了！"阿里大惊失色。小的时候，他听村里的老人们讲过：这座岛上住着一个山神，他脾气很差，动不动就会生气发火，两百多年前，山神就曾经发怒喷火，很长一段时间，大家都不敢从附近的海域经过。

"那我们怎么办？"儿子吓着了，他也听说过那个故事。

"还能怎么办？赶紧回去呀！"

父子俩赶紧掉转船头，拼命向爪哇岛方向划去。划啊划，终于，拉卡塔岛被他们远远抛在了后面，爪哇岛已经遥遥在望，正当阿里想放松一下时，一阵惊天动地的爆炸声从后方传来。这声音实在太可怕了，十多岁的儿子竟一下被惊呆了，半天没有回过神来。阿里也吓得不轻，他心里很清楚，山神发怒，灾祸可能已经不远了。他更加用力地划动船桨，直到双脚踏上地面，这才放下心来。

这天下午，喀拉喀托火山喷发了，巨大的能量将火山灰冲上 10 千米高空，喷发时的爆炸声传得很远很远，连 160 千米外的巴达维亚（印尼首都雅加达的旧称）都能听到，让很多人都捏了一把汗。

火山时喷时停，不过几天之后它便平息下来。可是谁也没想到，更大的灾难还在后面。

世界末日来临

5 月末，喀拉喀托火山完全平息下来，这让人们渐渐放松了警惕，阿里父子和其他渔民一起，又恢复了平静的打鱼生活。

岂料 6 月 19 日，火山再度活跃起来，不过，这并没有引起人们的重视，因为谁也想不到它会大喷发。时间很快到了 8 月 26 日这天，火山出现了阵发性喷发，而且强度明显增强。当天下午 1 时，一连串强烈的爆炸声在火山口响起。一个小时后，黑色的火山灰蹿升到喀拉喀托火山以上 27 千米的高空，看上去令人心惊胆战。

山神发怒，再次让阿里父子感到了恐慌和害怕，当天他们匆忙结束打鱼回到了爪哇岛。第二天一早，当其他渔民来约他们父子出海时，阿里拒绝了，他心里有一种不祥的预感，觉得可能会出大事。

几个小时后，阿里的预感变成了现实：上午 10 时，喀拉喀托火山大喷发了，猛烈的爆炸似乎要把整个大地掀翻，响声惊天动地，几乎要把爪哇岛上人们的耳朵震聋，有些房屋甚至被震倒；远在 3500 千米外的澳大利亚人，这天上午都听到了火山喷发发出的轰隆声。

巨响之后，阿里他们还没回过神来，一阵石头雨便从天而降。这些石头都不大，但一个个滚烫无比，打在身上轻则受伤，重则丧命。很快房屋被打得七零八落，不少人被打得血流满面。阿里带着全家人，惊恐不安地躲在房屋下层的羊圈里。

石头雨过后，无穷无尽的火山灰接踵而至。火山喷出的灰云高达80千米，大量火山灰落在广达80万平方千米的区域内，使得白天变成了黑夜，仿佛世界末日已经来临。

火山喷发一直持续到8月28日早晨才平静下来。据科学家计算，这次火山喷发的威力比日本广岛原子弹的威力大一百万倍，火山喷发物散落到237千米以外，火山尘埃冲到三万多米高空，进入并停留在大气层，使整个印度尼西亚连续三天日月无光，而在之后的三个月内，当地都出现了举世罕见的日落和日出景色（太阳像一个巨大无比的橘子，呈现出异常的橙红色）。

更可怕的是，喀拉喀托火山喷发还引起了海啸和地震潮波，掀起的巨浪高达数十米。阿里一家在火山喷发后，迅速逃到了高处避难，幸运地躲过了劫难，但许多渔民却不幸被巨浪卷走。据统计，在火山最猛烈喷发之后，最大的波浪高达37米，造成爪哇岛和苏门答腊岛沿岸约万人丧生，6500艘大小船只被吞噬。在贝希岛，海浪将一艘荷兰汽轮抛到 15 米高空，随后重重摔到一千米远的礁石上撞得稀烂。

海啸还以 740 千米每时的高速越过印度洋，毁坏了印度加尔各答港和澳大利亚珀斯港，浪涛甚至冲击到了一万二千多千米外的海岸，远在阿拉斯加和南美洲最南端的合恩角都感受到了巨浪的威力。

这次火山喷发及引发的海啸灾难，摧毁了三百多座村庄和城市，3.6 万人死于非命，拉卡塔岛被夷为平地，所有生物全被埋在厚厚的火山灰之下，直到五年之后，岛上的动植物才恢复了一点儿生机。

小火山也能带来大灾难！这可以说是喀拉喀托火山大喷发带给我们的最大启示。

拉基火山大喷发

冰岛，是欧洲一个多火山的岛国，整个岛上一共有 100 多座火山，所以冰岛也被称为火山岛。

在这 100 多座火山中，有 25 座在近代曾经喷发过，其中危害最严重的一次发生在 1783 年：冰岛南部的拉基火山突然喷发，把大量火山灰喷射到空中，同时流出大量熔岩。火山喷发持续了整整 8 个月，喷出的毒气和火山灰给北半球带来了巨大灾难，全世界死亡人数超过 200 万人。

这次火山喷发，可以说是人类历史上最大规模的自然灾难。

一座环形的火山

冰岛位于北大西洋中部，北边紧贴北极圈，由于气候严寒，冰川面积达 1.3 万平方千米，全岛有八分之一的地方被厚厚的冰川覆盖。人们来到冰岛旅游，只见冰原无边无际，白茫茫的一片，看上去十分壮观。

瓦特纳冰原，是冰岛最大的冰原，它的面积达 8420 平方千米，相当于整个冰岛面积的十二分之一。这个冰天雪地的地方，同时也是火山的老巢。冰原上有一个名叫格里姆的巨大火山口，来自地底的热量把冰融化后，在里面形成了一个近 500 米深的热湖。这个湖泊热气腾腾，随时都会有喷发的危险。

不过，最大的危险却来自冰原西南端的一座火山，这就是拉基火山。拉基火山海拔 818 米，高出附近地带 200 米，从"身高"和"体形"来看，它只能算是一座毫不出众的山丘。不过，这座山丘的外形却与众不同，它是一座环形山。

环形山，希腊文的意思是"碗"，说到碗，你的脑海中可能已经有它的形象了。没错，拉基火山近似于圆形，如果乘飞机从空中观察，你会发现它像一个画在冰原上的圆环。拉基火山之所以形成这副模样，完全是火山喷发的结果：熔岩从地裂缝中喷发出来后，在地形作用下有规则地流淌，于是圆环便形成了。

据科学考察，拉基火山是火山裂缝喷发过程中形成的唯一显著地形特征，所以又称为拉基环形山。

有史以来最大熔岩流

冰岛是欧洲人口密度最小的国家，这里人烟稀少，很多地方无人居住，其中便包括拉基火山所在的瓦特纳冰原。

在当地人的印象中，拉基火山似乎一直都在休眠，很多人都以为它永远不会再喷发了。

这些相信火山不会再喷发的人中，有一个叫奥拉夫森的农场主。奥拉夫森住在距瓦特纳冰原边缘二十多千米的一个村庄里，他养有几十头牛，两百多只羊。每天，奥拉夫森都会赶着牛羊去草场放牧。有时候实在闲得无聊，奥拉夫森也会与家人一起，骑马到冰原上去溜达。拉基火山独特的形状，自然也引起了奥拉夫森的关注和好奇心，不过时间一长，他便习以为常了。冰岛到处都是火山，其中死火山居多，在奥拉夫森看来，这座奇怪的火山也不会再喷发了，因为从他爷爷的爷爷的爷爷起，这座火山便矗立在那里，数百年来一直"沉默如金"，连点火星都没喷过。

1783年6月8日早晨，奥拉夫森赶着牛羊正要出门时，突然听到远处传来轰隆一声巨响，开始他以为打雷了，可是天气晴朗，天空没有一丝云彩。正当他感到有些困惑时，忽然看到拉基火山方向升腾起一朵巨大的蘑菇云，不久之后，一股淡淡的臭鸡蛋味慢慢飘来。

"火山喷发了！"奥拉夫森有些吃惊。不过，因为拉基火山距离农场较远，他并没把这事放在心上——在他看来，火山喷发不久就会平息。当天，他依然赶着牛羊到外面去放牧。

不过，情况并非奥拉夫森想象的那么简单。正如沉默寡言的人，他们不发火便罢，一发火便十分可怕，拉基火山的喷发也是这样，它一喷发便没完没了。从6月8日开始，几乎每天，奥拉夫森都能听到火山方向传来喷发的轰隆声；臭鸡蛋味越来越浓，他和家人出门时不得不用湿毛巾捂着口鼻；火山灰降落在房前屋后的草场上，往日青翠的草场全被覆盖，变成了一片灰白色。

情况越来越不妙，人和畜牧都出现了明显的不适，特别是火山灰覆盖草场后，草场受到破坏和污染，牛羊再也无法觅食了。由于饥饿和毒气的影响，弱小的畜牧接二连三地倒下。见此情景，奥拉夫森决定转移草场，他和家人赶着牛羊，向远离火山的另一片草场走去。

拉基火山喷发一直持续到1784年的二月初，喷出的熔岩达12.3立方千米，形成了一条32千米宽的红色火河。熔岩流肆无忌惮地在冰原上流淌，覆盖面积约达565平方千米，被认为是有史以来地球上最大的熔岩喷发。

所幸的是，拉基火山位于远离居民点的偏僻山区，火山喷发后，距火山较近的居民，如奥拉夫森及家人由于提前转移，所以喷发没有直接造成人员伤亡。

不过，火山喷发后不久，冰岛人便意识到一场大灾难正在悄悄逼近。

可怕的大灾难

奥拉夫森和家人赶着牛羊，转移到数十千米外的地方，但是这里的情况仍然不妙，随着火山喷发的强度越来越大，他家的牛羊不断地倒下，他和家人的身体健康也出现了问题，特别是小女儿由于吸入了有害气体和火山灰，整天咳嗽不止。

与奥拉夫森家一样，越来越多的家庭受到了火山喷发的严重影响。火山喷发期间，冰岛有一半的马和牛死于火山喷出的有害气体，而羊更惨，当时全岛四分之三的羊都死于非命。厚厚的火山灰覆盖在地面上，再加上火山喷发释放的大量硫黄气体为害了农作物和牧草，牧场遭到严重破坏，在有害气体喷发中幸存下来的牲畜没有草吃，只能被活活饿死。据统计，整个冰岛有 1.15 万头牛、2.8 万匹马和 19.05 万只羊不幸被饿死。

牲畜被饿死，人的日子也不好过。不久大饥荒发生了，整个社会一片混乱，抢劫行为日益猖獗。随着 1783 年冬季的到来，冰岛人的日子更加严酷难挨，他们吃完了储备食品后，便再也找不到可以活命的食物。这年冬天，全岛有五分之一的人口（约 9500 人）被活活饿死，奥拉夫森的小女儿和另一个儿子在这场灾难中失去了生命。

拉基火山喷发的灾难还蔓延到了全世界。大量的火山灰造成欧洲大陆大部分地区烟雾弥漫，甚至叙利亚、西伯利亚西部的阿尔泰山区以及北非都受到影响。1783 年的夏天，重灾区欧洲的天空被厚厚的火山灰云笼罩，火山灰则肆无忌惮地降落在地面，导致高温热浪一波接一波出现，数千人因此丧命。炎热的夏季之后，随之而来的是漫长而寒冷的冬季，寒风呼啸，大雪纷飞，许多人在饥寒交迫中死去。

拉基火山喷发是大自然对人类发出的警告，同时也提醒人类，毫不起眼的火山灰也能改变全球气候，给人类带来巨大灾难。如何防御火山灰带来的严重影响，是人类不得不面临的一个生存问题。

云仙岳火山大喷发

日本位于环太平洋火山地震带，也是一个多火山的岛国。据统计，日本境内的火山数约占全球的十分之一，全国时常会发生火山活动。历史上，火山喷发给日本造成的伤亡十分惨重。

1991 年 6 月，日本九州岛上的云仙岳火山再度大喷发，虽然火山造成的伤亡并不大，但成千上万的人为了躲避灾难，不得不背井离乡到处转移。

一座风光旖旎的大山

我们都知道，富士山是日本的最高峰，也是日本的象征，它被日本人尊称为"圣岳"，意思是神圣的大山——这座日本人眼中的神山，其实是一座休眠火山。

与富士山一样，在日本享有同等待遇的还有一座火山，这就是位于九州岛岛原半岛中部的云仙岳。光听名字就知道，这不是一座普通的大山，"云仙岳"的意思，是说这山上有神仙居住。据说很早以前，火山喷发时，当地人远远看到烟云直冲苍穹，以为是神仙腾云驾雾，所以给这座山取名为"云仙岳"。

云仙岳距离长崎市仅 40 千米左右，它的海拔为 1359 米，最高峰名叫"普贤岳"。与许多世界著名的活火山一样，云仙岳背山向海，风光旖旎，景色优美，是一个令人向往的旅游胜地。如果来到这里，站在普贤岳上，你可以尽情眺望四面八方的火山锥：东面是烟云缭绕的阿苏火山，南面是雾岛火山群，西面是野田半岛和五岛滩，北面则是多良岳山。除了山顶风光令人陶醉，云仙岳还拥有多处温泉，其中最著名的是云仙温泉，因为这里处处热气蒸腾，水雾缭绕，如传说中的地狱景象，所以又被称为"云仙地狱"。

如同一把令人望而生畏的双刃剑，云仙岳在拥有醉人风光的同时，历史上曾经多次喷发，并造成了巨大灾难。

云仙岳火山引发的最大一次灾难，发生于 1792 年 2 月。当时其东北的斜坡先是出现坍塌，但这一现象并未引起人们的注意，10 天后，火热滚烫的熔岩突然从坍塌处喷涌而出，熔岩流来势凶猛，以极快的速度沿着陡峭的山坡倾泻直下。所过之处，森林、道路和村庄全被毁灭。更可怕的是，火山喷发还造成了山体断裂，巨大的山体冲入海中，激起了数十米高的巨浪。山崩和巨浪共造成一万五千多人死亡，据统

计，这是日本历史上伤亡人数最多的一次火山灾难。

玩命的火山专家

1792 年的这次大喷发后，云仙岳安静了整整 200 年，在肥沃火山灰和温润气候的共同"打造"下，山上草木葳蕤，郁郁葱葱，风光比过去更加旖旎和壮观。

时间来到了 1991 年，这时的云仙岳已经成为日本著名的旅游胜地。每天，山上都会迎来一批又一批的客人，绝大多数是游客，但也有一些前来考察的记者和专家。

在这些记者和专家中，有两个人的身份十分特殊，他们是著名的火山学家莫里斯·克拉夫特和卡蒂亚夫妇。两人都是法国人，很小的时候，莫里斯和卡蒂亚便都不约而同地爱上了火山。长大后，他们各自努力成了火山专家，在共同爱好的促使下他们走到了一起，并把全部精力和时间都放在了对活火山的研究上。

克拉夫特夫妇对火山的研究，可以说达到了玩命的地步，哪里出现了火山喷发的征兆，哪里有火山喷发，他们就会立刻赶到现场。酷爱冒险的他们，把火山口涌出的烈焰当成了人生的整个世界。莫里斯曾对人说过这样的话："如果印度尼西亚的火山活动了，如果夏威夷的火山爆发了，我会立刻登上飞机，第二天就出现在现场。"而卡蒂亚也夫唱妇和，她说："我并非与死神作对，但是靠近一只你不知道是否会吃掉你的野兽，这种快乐会使你什么也不在乎，这是否就是冒险的魅力呢？"正是凭借这样的冒险精神，克拉夫特夫妇俩的足迹遍布世界各地的火山，他们亲眼看见过 150 多次火山喷发，拍摄了数以千计的珍贵的火山喷发照片和影片，出版了数十部专业著作，可以说对人类探索火山奥秘做出了积极贡献。

1991 年 6 月，这对火山专家夫妇来到了日本，这是他们第一次来日本考察火山。6月3日上午，他们与一群游客一起，兴致勃勃地向云仙岳火山顶前进。美轮美奂的景色，旖旎的风光，名不虚传的云仙岳引起了游客们的一阵阵赞叹。但克拉夫特夫妇对这些景色视而不见，引起他们最大兴趣的是这里的火山地形地貌，他们渴望能弄清这里的火山活动规律，最好是能看到地下岩浆喷发时的壮观景象。

他们不知道，火山恶魔此时已经跃跃欲试，并且马上就要喷发了。

火山恶魔来袭

这天上午十时许，当克拉夫特夫妇爬到半山腰时，突然听到山顶方向传来轰隆轰隆的声音，随即一股火山灰冲上天空，山顶和山腰一带的人们顿时惊慌失措，大家拼命朝山下逃跑。

"火山喷发了，咱们赶紧上去看看！"克拉夫特夫妇不但不往下逃跑，反而迎着人流向山上进发。

"你们不要命了？赶紧下山吧。"有游客一边跑，一边朝他们大喊。

夫妇俩礼貌地向喊话的人点点头，脚步不停地向山顶进发。

当天与他们一起，不顾危险向山顶前进的，还有一些专家和记者，专家们准备对火山进行考察，而记者则想拍到火山喷发时的照片。

这一小队人马毅然决然地上到山顶，远远地，他们便看见火山口喷吐出红红的熔岩，火山灰则像黑色的巨蟒矗立在天地间，看上去十分恐怖。因为火山喷发的景象太吓人了，有人停下脚步，不敢再往前走。而克拉夫特夫妇太爱火山了，他们想近距离观察岩浆从地下冒出的景象，于是毫不畏惧地继续朝火山口走去。

这是一次与死神近距离接触的冒险行为，越靠近火山口，温度越高，人们脸上、身上的皮肤似乎要被撕裂了；火山喷发的声音惊天动地，仿佛地下有一头怪兽在嗷嗷叫；漫天的火山灰和强烈的刺鼻气味令人难以忍受，虽然戴着防毒面罩，但在场的人们还是感到呼吸急促，身体开始出现了不适的反应。

当距离火山口只有几十米时，克拉夫特夫妇也不得不停下了脚步，他们拿出随身携带的相机开始拍摄，谁也没有想到，这时天气突然发生变化，一场可怕的风暴刮了起来。

暴风卷起火山灰，天地间一片混沌。人们分不清哪是天，哪是地，只听见呜呜的风声和人被刮倒、卷进火山口的惨叫声。当风暴结束后，克拉夫特夫妇从火山口消失了，与他们一同失踪的，还有一些来不及逃跑的记者和专家。

在克拉夫特夫妇被火山吞噬的同时，火山灰流在风暴的助力下，以200千米每时的速度冲下山坡，短短几个小时，岛原半岛上的许多村庄被摧毁，火山附近成千上万的人被迫转移避难。

由于转移及时，这次火山大喷发造成的人员伤亡并不严重，它一共夺去了37条生命，大部分遇难者是前去火山口考察的记者和专家，其中便包括克拉夫特夫妇，他们曾梦想建造一座世界一流的火山博物馆，并希望能乘一只特制的小舟在熔岩流中顺流而下，可惜这些理想都不能够实现了。

这次大喷发告诉我们：火山喷发时，别离它太近，即使你是火山专家，你也要尊重火山，对这一自然现象敬而远之。

皮纳图博火山大喷发

菲律宾是东南亚的一个群岛国家，境内有大小岛屿 7000 多个。这个国家也是典型的火山之国，国内有 200 多座火山，其中活火山有 21 座。

1991 年 6 月 15 日，菲律宾的皮纳图博火山出现了爆炸式大喷发，这是 20 世纪世界最大的火山喷发之一。尽管火山专家成功预报了此次火山喷发，并提前发出预警，挽救了成千上万人的生命，但猛烈的喷发还是造成了 1200 多人死亡，喷入大气平流层中的二氧化硫阻挡了照射到地面的阳光，导致地球进入了两年的火山冬天。

不知名的火山

皮纳图博山的海拔为 1486 米，位于菲律宾吕宋岛上的三描礼士、打拉和邦板牙三省交界处。这座大山在 1991 年的喷发之前毫无名气，尽管山上长满了植物，但这样的大山在菲律宾并无出彩之处。因为"长相"太过普通，加上交通不便，所以皮纳图博山一点儿都不出名。

不过，没有名气的皮纳图博山并不寂寞，它的周围生活着一万多名土生土长的山民。这些山民是什么时候来这里生活的，连他们自己都说不清楚。在村中最年长者的记忆中，皮纳图博山从未喷发过，而他们的长辈也没有提起过这事，所以这些山民都认为皮纳图博山不是火山。

尽管皮纳图博山没有喷发的历史记载，但地质学家仍对它不太放

心，因为皮纳图博山附近人口稠密：这里有菲律宾三个省的繁华城镇，并有一座美国克拉克空军基地，这些城镇和军事基地的常住人口加在一起，总数将近一百万人。如果皮纳图博山是一座活火山并出现大喷发的话，有可能会造成巨大的灾难。为此，地质学家从皮纳图博山上取出岩石的沉积碎屑进行年龄测探，发现最年轻的岩石年龄只有1500年左右，也就是说，这些年轻的岩石是1500年前才形成的，能在这么短的时间内形成岩石，只有火山喷发才能做到！根据地质学家的测探结果，菲律宾火山和地震研究所把皮纳图博山划为了活火山。

这一划分，为皮纳图博山定下了基调，也为成功预报1991年火山大喷发奠定了基础。

成功的火山预报

1991年4月2日上午，一阵轰隆声打破了皮纳图博山上的宁静。听到声响后，当地人上山查看，发现山顶的一处地方发出扑哧的声音。伴随声音，一股股白色的蒸汽从缝隙中喷射出来，仿佛下面是一口正在烧水的大铁锅。

山顶冒气的消息不胫而走，迅速传遍了皮纳图博山周围的地区。担心火山喷发，当地政府赶紧把这一情况向菲律宾火山和地震研究所报告。当天，一名叫迪亚哥的火山地震专家和几名同事来到皮纳图博山，在对山顶冒气现象进行"会诊"后，他们决定立即实施地震和光学监测。

没多久，迪亚哥他们便监测到皮纳图博山有地震发生，这种地震比较轻微，人体很难察觉，只有仪器才能监测到。这些地震是不是火山喷发的前兆呢？由于这是人类首次对皮纳图博山进行监测，没有地震活动的背景资料，因此很难区分这是正常地震还是异常地震。

接下来的几天，专家们更是监测到了地震频发，出现震群，而蒸汽喷发也在加剧，这两种现象让大家认识到了事态的严重性。

"我们的技术力量不够，不能判定火山是否真的会喷发，而且也没有任何预报火山喷发的经验，所以最好邀请外国专家来'确诊'。"迪亚哥心里忐忑不安。

"是的，这涉及近百万人的转移，必须得请有经验的外国专家来一起监测。"大家一致同意迪亚哥的建议。

很快，迪亚哥起草了一封邀请函发往美国。4月23日，美国地质调查局的3名专家携带先进仪器来到皮纳图博山，加入了火山监测的队伍。

"毫无疑问，这些现象就是火山喷发的前兆。"美国专家在查看了山顶的蒸汽和地震观测数据后，以肯定的口吻做出了判断，同时建议赶紧组织人员转移。

根据迪亚哥和美国专家的意见，菲律宾火山和地震研究所随即宣布皮纳图博山进入最高警戒状态，同时提出将疏散半径设置为20千米。

可是在疏散人群的过程中，专家们遇到了不小的阻力：山民们不相信火山真的会喷发，也不愿意离开世代居住的家园；住在城镇里的居民，大多数也不相信专家的判断，甚至一些政府官员和科学家也对火山喷发提出质疑。"皮纳图博火山喷发的可能性非常大，请相信我们！"迪亚哥一遍又一遍地向人们解释。

与此同时，美国专家也前往克拉克空军基地，劝说美军家属转移。功夫不负苦心人，在专家们不遗余力的劝说下，大约2.5万人从离火山最近的村庄撤走，而在美国克拉克空军基地，有约1.45万名家属和随从人员撤离，踏上了回国之路。

皮纳图博山真的会喷发吗？

火山真的喷发了

在人们的密切关注下，时间转眼来到了 6 月 15 日。

这一天，人们对皮纳图博山的关注度反而一下降低了，因为这天下午，另一个可怕的自然恶魔——台风要从这里过境。台风到来时，当地狂风呼啸，大雨如注，就在人们忙着对付台风的时候，皮纳图博火山，这个潜伏了 1500 多年的恶魔终于伸出了魔爪，它以最强烈的普林尼式喷发开始，发出惊天动地的轰响，并向大气圈"吐"出了一朵巨大的、由火山灰和气体烟柱构成的蘑菇云。第一波火山喷发过后，滚烫的火山碎屑流沉积便填满了河谷，许多村庄被夷为平地——很难想象，周围的人们如果没有提前转移，不知道会造成多么重大的灾难。

成功的火山预报挽救了成千上万人的生命！

为了预防火山更强烈的喷发，迪亚哥他们建议把疏散半径扩大到 40 千米，当天下午，疏散范围内的人们顶风冒雨，紧急进行了安全转移。

即便如此，猛烈的火山喷发还是造成了 1202 人死亡和 50 亿比索（菲律宾货币单位）的经济损失，在死亡的 1000 多人中，有些是助纣为虐的台风造成的。台风和大雨使火山灰变得又湿又重，它们降落到人口稠密的地区后压塌屋顶，导致数百人惨死。同时台风还加剧了火山泥流，增加了死亡人数。

皮纳图博火山的这次喷发，使山峰的高度大约降低了 300 米，山顶上形成了一个直径 2.5 千米的巨大火山口。火山喷出了大量火山灰和火山碎屑流，并向高空喷射了两千万吨二氧化硫。这些二氧化硫与遮天蔽日的火山灰尘埃一起，导致照射到地球上的阳光减少了百分之十，使得全球气温降低了 1℃，导致地球进入了两年的火山冬天。

火山喷发的气溶胶经过三周时间，环绕了整个热带地区，并迅速向两极扩散，到次年年中便已覆盖地球表面，甚至在南极的雪块中都能找到皮纳图博山的火山灰。1992 年 4 月，中国北京、郑州等地的晴天太阳辐射明显减弱——你可以想象这次火山喷发是多么强烈！

皮纳图博火山喷发的预报是成功的，但这次喷发也为我们敲响了警钟：当专家做出火山预报时，一定不要质疑，要听从专家忠告，迅速撤离到安全地区！

通古拉瓦火山大喷发

厄瓜多尔是南美洲西北部的一个国家，这个国家境内也有不少火山，其中一座叫通古拉瓦的活火山性子特别火暴。

通古拉瓦火山是厄瓜多尔活动最频繁、危险性最大的活火山之一，在厄瓜多尔的土著语言中，通古拉瓦的意思是"咽喉里的火"。这把火一旦喷出来，便会造成巨大灾难，如 19 世纪 40 年代，通古拉瓦火山的一次猛烈喷发造成 3 万人死亡，2006 年该火山再度喷发，导致 4000 人死亡和数千人撤离，并给当地农牧业造成了巨大损失。

白雪皑皑的火山

厄瓜多尔是一个临海的国家，海岸线长约 930 千米，赤道横贯国境北部，所以它也被人们称为"赤道之国"（厄瓜多尔就是西班牙语"赤道"的意思）。

学过地理的人都知道，由于太阳常年直射，赤道及其附近是地球上最炎热的地区，的确厄瓜多尔大部分地区十分炎热，不过也有个别地方比较寒冷，其中便包括通古拉瓦火山。

通古拉瓦火山位于厄瓜多尔中部的安第斯山脉中，海拔 5023 米，这是一个外表呈圆锥形的大家伙，上面有许多火山口。虽然是一座危险的活火山，但山腰以上的地方常年被冰雪覆盖，山顶上更是白雪皑皑，积雪终年不化。如果从空中观察，你会看到这座巍峨的大山如同戴了一顶白色帽子，在赤道阳光照射下，"白帽子"闪烁着刺目耀眼的光芒。

几乎每一个到厄瓜多尔旅游的人，头脑都会出现这样的疑问：位于赤道地区的通古拉瓦火山，积雪怎么会终年不化呢？

是啊，赤道是地球上最热的地方，那里"赤日炎炎似火烧"，怎么可能下雪呢？原来，奥秘就在通古拉瓦火山身上。居住在山区或爬过山的人都知道，山上比山下冷，而且山越高，山顶的气温越低，上下温差也越大。气象专家通过观测，证明了一个规律：在 12 千米高度以下的对流层内，气温随海拔的升高而降低，一般每升高 1000 米，气温下降约 6℃——按照这个规律计算，通古拉瓦山顶的气温比山下至少要低上二十多摄氏度，即使山下酷热难耐，但山顶也会白雪飘舞，寒冷异常。据观测，通古拉瓦火山海拔 4900 米以上的地方便终年积雪，而山顶的积雪更不用说了。

山顶上终年白雪皑皑，数座峰峦直插云天，十多条冰川垂到山腰，通古拉瓦火山的自然景致十分美丽壮观——如果它不喷发，这是多么壮美的旅游胜地啊！

可是，19世纪40年代的那次喷发，给人们留下的伤痛太深了。当时火山猛烈爆发喷出大量熔岩，融化了山顶上的大部分积雪，雪水与火山灰混在一起，形成了可怕的火山泥流。这股泥流从山顶飞泻直下，几乎摧毁了山脚下的所有城镇和村庄，造成三万人死亡，巨大的灾难令厄瓜多尔人深深悲痛，也让南美洲甚至全世界震惊。

悲剧再度重演

那次的火山喷发之后，很长一段时间，厄瓜多尔人一度谈"火"色变。该国境内有多座火山，居住在火山附近的人们，只要一有风吹草动，就会吓得拼命逃跑。

时光像匆匆的流水，它会洗去一切灾难阴影，也会令人忘却悲伤和痛苦。通古拉瓦火山自19世纪40年代喷发之后，一百五十多年来都表现得十分安静，而居住在通古拉瓦火山附近的人们，也随着时间推移，渐渐淡忘了那次火山喷发造成的灾难。

一百五十多年后，通古拉瓦火山脚下重新聚集起一座座热闹的村庄，农民们利用肥沃的火山灰种植庄稼，而牧民则在山间草场放牧牛羊。在当地人的勤劳和汗水浇灌下，通古拉瓦火山地区成了厄瓜多尔有名的农牧区，每天，这里都会给首都基多等大城市输送大量的粮食、蔬菜、鲜奶、肉类等食品。因为这里气候凉爽，景色宜人，每年都有一批又一批的城里人来此度假，一些登山爱好者也不远千里来这里登山和考察。

谁也不会想到，悲剧会再度重演。其实，在喷发之前，通古拉瓦火山也给人类发出过警告：1999年的一天，火山开始苏醒，山顶的火山口喷出了一股股黑烟，并不时有熔岩在流动。不过，这次的喷发很

轻微，并且很快便偃旗息鼓了。之后，小规模的火山喷发活动一直没有停止，并持续到了 2006 年 7 月。

7 月是通古拉瓦火山地区的丰收季节，这里庄稼成熟，瓜果飘香，牛羊长得又肥又壮。同时，7 月也是这里的旅游黄金时期，大批旅游者和登山爱好者接踵而至，把山下农牧民开办的"农家乐"挤得满满当当。就在山下人们载歌载舞庆贺丰收的时候，火山喷发也在紧锣密鼓地酝酿中。7 月初，有人发现山上流下的瀑布似乎变宽了，水位也上涨了一些，可是这一变化并没有引起大家的关注，之后几天，来这里旅游的人越来越多。

悲剧在 7 月下旬的一天终于上演。这天上午，山下的游客吃完早饭，正准备向山上进发时，山顶突然传来一声巨响，随即火山灰冲天而起，把整个天空都遮蔽了起来。

天空很快变黑，所有人都屏住呼吸，惊恐不安地望着山顶方向。

轰轰轰轰，这时山上传来打雷似的声音，仿佛有千军万马正从上面猛冲下来。

"火山泥流来了，快跑啊！"不知谁喊了一声，游客们顿时乱作一团，大家拼命向大路逃去。

几分钟后，火山泥流像脱缰野马冲下山来，它所过之处，牧场被毁，庄稼被埋，房屋被冲得七零八落，来不及逃跑的人畜当场遇难——经历过这场灾难幸存下来的人们，心灵深处留下了永远的阴影，事后他们用"极其恐怖"来形容当时的情景。

这场灾难后没几天，通古拉瓦火山再一次喷发，两次大喷发导致约 4000 人死亡，成千上万人被迫撤离。火山泥流还导致大批牲畜死亡，即将成熟收割的庄稼被掩埋，农牧业遭受了巨大的损失。

这一灾难警示人类：要防止悲剧重演，任何时候都不能放松对火山的警惕！

尼拉贡戈火山大喷发

尼拉贡戈火山是非洲最著名的火山之一，这个大家伙可以说是魔鬼和天使的化身：一方面它美得惊人，是游客们十分向往的旅游胜地；另一方面，它又是危险的代名词，谁也不知道它下一秒会不会喷发，而它一旦喷发，必定会给人类带来令人恐怖的灾难。

1977 年，尼拉贡戈火山突然喷发，不到半小时，像钢水一样的熔岩便吞噬了两千条生命，同时使 430 平方千米的热带雨林毁于一旦，造成巨大的灾难。

美丽迷人的火山

尼拉贡戈火山，位于刚果（金）的维龙加国家公园内，它距离刚果（金）北基伍省省会戈马市仅 10 千米。

这座火山海拔 3470 米，在非洲来说算得上是一座"身材"挺拔的高山，它有一个最大直径达 2000 米的火山口。当你爬上山顶，呈现在你面前的是一个巨大的圆形深坑时，相信你的震惊会溢于言表。

与其周围低平的盾形火山不同，尼拉贡戈火山是层状火山。什么是层状火山呢？顾名思义，就是说这座火山的内部像千层饼一样，一层一层脉络分明，它的这个特点，在火山口便一目了然：巨大的火山口深约 250 米，从上往下分为两级平台，上面的平台较宽，下面的一级略小，底部熔岩平台中有长 300 米、宽 100 米的新月形岩浆湖。前面已经介绍过，这个岩浆湖被人们称为"魔鬼的肚脐眼"，不管白天还是晚上，岩浆湖都熊熊燃烧。时不时地，湖里的熔岩便会像喷泉一样高高抛起，并发出噼里啪啦的声音，看上去既惊心动魄，又精彩纷呈——如果晚上来到这里，"跳舞"的熔岩更显得绚丽多姿，美轮美奂。

当然，尼拉贡戈火山的美不只是火山口这里，火山独特的外形和山上葱郁的森林，也使得这里充满了迷人的色彩。在尼拉贡戈火山南部大约有 100 座寄生火山锥（寄生火山锥，是指附着在大火山锥上的较小火山锥，它们是大火山锥形成后，在其新通道附近喷出并堆积而成的小火山锥）。这些寄生火山锥就像尼拉贡戈火山生养的儿女，给这座大山平添了一道独特的风景。另外在火山附近还有一个美丽的大湖——基伍湖，它是非洲最大和最深的湖泊之一，湖面积达 2699 多平方千米，平均水深约 220 米，最大水深 489 米。湖四周群山环抱，湖岸陡峻曲折，湖面上有大量浮游生物，湖中的鱼儿依靠这些充足的食物，长得又肥又壮。由于风光旖旎，气候宜人，湖的周边土地肥沃，鱼米飘香，一直以来，这里都是人口密集之地，也是远近闻名的疗养胜地。每年，都会有无数国内外游客来这里休闲度假。

这个美丽的地方，同样也是危险之地，住在这里的人们，身边就是座活火山，谁也不知道它什么时候会喷发。

夺命熔岩流

在过去的 150 年间，尼拉贡戈火山已经喷发了 50 多次。在 1977 年大喷发之前的 30 年间，它曾先后三次喷发，其中最近的两次喷发分别发生于 1972 年和 1975 年，给当地造成了一定的灾害损失。

尽管火山潜藏着巨大危险，并且屡屡喷发，但由于它周围有肥沃的火山土壤，再加上基伍湖的诱惑，所以当地人谁也不愿搬离这里，相反，大量的游客还会来这里度假。

1977 年 1 月，北半球高纬度地区正是寒风呼啸、滴水成冰的隆冬时节，但位于南半球的尼拉贡戈火山地区却是盛夏季节，这里山高林密，加上又紧邻大湖，所以气候凉爽，十分宜人，许多欧洲人早早便飞来这里度假了。

瑞典人拉达尔便是上千名度假游客中的一员，1 月 8 日，他从瑞典直飞刚果（金），准备在尼拉贡戈地区度过自己的假期。8 日晚上到达这里后，拉达尔在基伍湖边的酒店住了一晚。第二天，在导游的带领下，他优哉游哉地在大湖上玩了一天。按照行程计划，10 日这天他将会去攀爬尼拉贡戈火山，零距离接触这座向往已久的大山。

　　10日早上7时，拉达尔起床后吃过早餐，正准备出发时，突然感到肚子有些不太舒服，他不得不取消了原来的计划，没有跟随导游和游客们一起出发。上午十一时许，正在酒店房间上网的他突然听到外面传来惊天动地的爆炸声，巨响把房屋震得颤抖起来，紧接着外面传来奔跑声和呐喊声，有人大声叫喊起来："火山爆发了，快跑啊！"

　　拉达尔一个激灵，赶紧跑出房间，只见尼拉贡戈山顶上升起一朵巨大的蘑菇云，无数火山碎屑像雨点般降落下来。滚烫的碎屑落到湖面上，响起一片扑哧声。不一会儿，火山灰也落下来了，天空渐渐变暗，灾难的阴影笼罩了整个大地。

　　拉达尔跟着酒店工作人员迅速向远离火山的地方逃去，跑出一段路后，他们回头看见山顶涌出了红红的熔岩。熔岩流以极快的速度从火山口飞泻直下，沿途的森林着火了，村庄毁灭了，到处大火熊熊，浓烟四起，沿途的村民和游客大部分没有逃过熔岩的魔爪——不到半小时，像钢水一样炽热的岩浆便吞噬了2000条生命。

　　熔岩还在奔流，一部分熔岩涌进基伍湖里，激起了数十米高的浪花和水蒸气。大量的鱼虾被烫得跳出水面，湖面上很快飘浮起一层白花花的死鱼。另一部分熔岩沿山脚继续流淌，引发了森林大火，大火烧光了山脚下的森林后，蔓延到扎伊尔、卢旺达两国境内，导致两国430平方千米的热带雨林毁于一旦。

　　目睹这场灾难后，拉达尔的内心充满了恐惧，直到一年后，他才走出这场灾难带给他的阴影。

　　这场灾难警示我们：不要忽视身边潜藏的危险，一个恶魔随时都可能降临的地方，即使再美丽，也最好离它远一点，再远一点！

维苏威火山大喷发

维苏威火山是欧洲大陆唯一的活火山。位于意大利南部即波利市东南 10 千米处，这座火山赫赫有名，不过它的出名是靠毁灭了一座繁华的城市才为人们所认知。

这座被毁灭的城市叫庞贝，公元 79 年 8 月 24 日，维苏威火山突然大爆发，将这座人丁兴旺、商贾云集的城市顷刻间全部湮没，制造了人类历史上最为可怕的火山灾难之一，史称"庞贝爆发"。它在我们所知道的火山爆发中占有重要的地位，也是人口稠密区最大的一次火山爆发。

让我们还原历史，去看一看火山喷发吞噬庞贝城的可怕景象。

火山下的繁华都市

首先，我们来认识一下维苏威火山。

这座世界著名的活火山，位于欧洲南部的亚平宁半岛西侧，像一个巨人俯瞰着碧波荡漾的那不勒斯海湾。它海拔 1277 米，站在火山口前，你的面前仿佛摆着一个巨碗：巨大的圆形火山口最大直径达 1400 米，深 216 米，令人不能不感叹当初火山喷发时的巨大能量。

在过去的岁月中，维苏威火山不时喷发，所以火山上一直没有植被长出，火山口四周光秃秃的，既看不到一棵树，也看不到一根草，山上显得异常荒凉和险恶。不过，在公元 79 年前，这座火山并不是现在这个模样，它当时处于休眠状态，山上长满了郁郁葱葱的树木，梅

129

花鹿、野猪、兔子等动物在林间跑来跑去，而山下庞贝城里的人们，一点都没意识到这是一座即将爆发的活火山。

现在我们来说说庞贝城。这座城市是当时古罗马帝国的第二大城市，当时城里一共有2万人。在公元79年，2万人的城市算得上是超级大城市了，城里有制造各种日用品和装饰品的工匠，有挑着蔬菜担子叫卖的小贩，有走南闯北做生意的商人……每天，庞贝城都热闹非凡，谁也想不到灾难会突然降临。

维苏威火山在大爆发之前，其实是有明显征兆的。这年的八月初，火山周围的地区发生了多次震颤，似乎地下有什么东西在涌动，使得地面颤动，房屋也跟着抖动起来。这种现象令人感到惊慌和害怕，不过，震颤每次持续的时间都很短暂，在最初的惊慌过后，大家习以为常，便不再感到害怕了。接下来，城里又出现了一件怪事：有一些水井莫名其妙干涸了。当时的气候并不干旱，按理说井水不应该干涸，可当人们去打水时，发现井里空空如也，井水不知去了何方。

时间转眼到了8月20日，火山要喷发的先兆更加明显。这天上午，当地发生了一次地震，震级虽然不高，但动物们却表现得十分惊慌：牛群惊慌不安，在城外的草地上不停奔跑和叫唤；马也狂躁异常，一些商人骑的马竟然跳跃起来，把主人摔到地上；猫、狗等小动物跑到屋外，不停地叫唤……最让人感到奇怪的是山林中的鸟儿，往日叽叽喳喳的鸟叫声突然没了，山林里安静得出奇——所有的一切，都似乎向人们预示着什么。

可是那个时代的人们并不知道这是灾难的前兆，大家除了觉得好奇外，谁也没把这些事放在心上。

庞贝城的大街小巷照样每天熙熙攘攘，工匠依然卖力地干活，小贩也在高声叫卖，而外地客商还在络绎不绝地朝这里赶来。

庞贝城被吞噬

在人们的疏忽之中，灾难一点一点地临近。

8月23日夜晚，一股黑烟忽然从火山口冒出来，火山灰随风飘到山脚下的庞贝城里。第二天一早，城里的人们起床后，发现地上铺了一层薄薄的黑灰。这些来历不明的灰尘没有引起大家足够的重视，因为它们不会妨碍正常的工作和生活。人们把黑灰清扫干净后，城市的街道重新充满了喧嚣和繁华。

人类的迟钝和无视终于酿成恶果。下午一点钟左右，维苏威火山露出了狰狞的面目，随着一声惊天动地的爆裂声响起，火山喷射出灼热的熔岩，碎屑流像倾盆大雨，铺天盖地向庞贝城扑去；滚烫的火山灰和令人窒息的硫黄味在空气中弥漫；大量的火山灰冲天而起，将太阳和天空严严实实地遮挡起来，白天一下变成了黑夜。

火山喷发的一瞬间，庞贝城里的人们全都惊呆了，还没等他们回过神来，滚烫的碎屑流已经扑到了身边。这是一种气体释放后形成的多孔的、重量较轻的石头，但实心石头却占到了大约百分之十，它们小的不及米粒，大的则似拳头。这些石头毫不留情地飞落下来，很多人被当场砸死。

石雨过后，无尽无穷的火山灰降落下来，无情地湮没了庞贝城。城里幸存的人们无处可逃，他们无法呼吸，走到哪里都是厚厚的火山灰，都是滚烫的石头和令人窒息的硫黄味。不少人活活窒息而死，有人倒在地上，很快便被天上飞落的火山灰掩埋起来……所有人都在逃命，但谁也不知道该往哪里逃。城里活着的人越来越少，最后，惨叫声慢慢消失，整个城市安静了下来。

短短十几个小时，维苏威火山喷发出超过 100 亿吨的浮石、岩石和火山灰。火山灰几乎覆盖了所有的一切，有的地方火山灰深达 19 米。火山灰之后，熔岩从山上流下来，又将这里覆盖了一遍。庞贝，这座建于公元前 6 世纪，曾被誉为美丽乐园的繁荣古城，就这样从地球上消失了，城里的 2 万居民，也被埋在了深深的熔岩和火山灰下。

根据科学家测算，这次火山喷发持续了三十多个小时，喷发到地面的物质大约有 3 立方千米。与庞贝一起消失的，还有城外的上百公顷森林、草场以及无数的农庄。火山喷发停止后，这里只剩下熔岩冷凝后留下的一条一条焦土地带，它们像河流一样延伸向远方。

在 18 世纪初的考古挖掘以前，庞贝一直是一座被掩埋了的古城。这次惨烈的灾难警示后人：不要无视火山喷发的威力，它完全可以毁灭任何一座人类的城市！

坦博拉火山大喷发

维苏威火山灾难十分可怕，但与之相比，另一座火山给人类制造的灾难更加恐怖。

这座火山，就是印度尼西亚松巴哇岛上的坦博拉火山。1815 年，它发生了人类历史上最大规模的一次火山爆发，喷发出 1000 亿立方米以上的熔岩、碎屑和火山灰，造成至少 7.1 万人死亡（大部分学者估计有 9.2 万人死亡，但也有人指出，这一数字是一个过高的估计。不管是 7.1 万人还是 9.2 万人，这一遇难人数都是前所未有的。）此外，火山灰还造成全球气温下降，使远在万里之外的北美和欧洲都发生了严重饥荒。

20 万颗原子弹爆炸

松巴哇岛是印度尼西亚西努沙登加拉省的一个岛屿，这个面积 1.5 万多平方千米的岛东西长约 250 千米，南北宽 70～80 千米，形状像块有点儿破碎的蛋糕。这个岛上有几处小平原，千百年来，人们在平原上种植水稻、玉蜀黍、豆类、块根作物、咖啡与椰子等，同时饲养牛、羊、马等牲畜，过着自给自足的田园生活。

松巴哇岛的风景也十分优美，这里海湾形如月牙，海水清澈，海边椰树摇曳，加上蓝天白云，碧海长空，景色幽美。放眼岛上，山岭盘亘交错，除了小平原外，这里还耸立着大约 20 座千米以上的山峰，这些高山大都是危险的休眠火山，其中便包括坦博拉火山。

坦博拉火山海拔 2851 米，在 1815 年喷发之前，这座火山已经平静了数百年，山上长满了茂密的灌木林，许多海鸟在这里筑巢和哺育后代，山脚下比较平坦的地方，则被人们开垦出来，种上了玉蜀黍、豆类和咖啡。

如果没有火山喷发，这个桃花源似的海岛可以称得上人间天堂，可是这美好的一切都在 1815 年被摧毁了。这年的 4 月初，坦博拉火山口开始喷吐黑烟，山上的鸟儿们全都飞到了别的地方。山下的人们虽然有所警觉，但谁都不愿意离开世代居住的家园。大家抱着侥幸心理，祈祷火山不会喷发，一些迷信的当地人甚至举行驱赶"火魔"的活动。几天之后，火山口的黑烟消失了，人们兴高采烈，都以为"火魔"已经被赶走了。

殊不知，毁灭性的灾难即将来临。半个月后的一个上午，坦博拉火山发生了震惊全球的大喷发。据后来科学家估测，这次大喷发散发出来的能量，相当于 20 万颗原子弹爆炸的能量，它发出的巨大爆炸响声，在 1400 千米外都可以听见。构成这座大山的几十亿立方米岩石，瞬间全部变成了四处飞溅的碎石和炽热的沙土及火山灰，火山高度一下降低了 1500 米，与此同时，约 150 立方千米的山岩被炸飞，原来的山腰处出现了一个最大直径 7000 米、深达 700 米的巨大火山口。这个令人恐怖的巨坑，可以顺顺当当地放进不止一个埃菲尔铁塔。大喷发后若干年，比利时著名火山专家哈伦·塔齐耶夫在考察坦博拉火山时曾经感叹："假如这次大爆发喷出的火山灰和石块全部射向巴黎，那么巴黎将会耸起高达 1000 多千米的坟丘！"事实上，当地虽不及巴黎繁华，人口也远不如巴黎多，但这次大喷发造成的灾难仍骇人听闻。

史无前例的灾难

坦博拉火山大喷发，使得山脚下的村庄和城镇瞬间变成了一片荒原。据统计，直接死于火山喷发的遇难者有 1.1 万～1.2 万人。大喷发之后，山下广袤的大地成为焦土，毫无生机，整个地区仅有 29 人幸免于难。这些幸存者魂飞魄散地逃往他方，从此再也不敢踏入这里。

火山喷发后，接踵而至的是海啸：数以千亿立方米的火山碎屑落入海中，激起了滔天巨浪。海啸所过之处，无数楼房被摧毁，大树被连根拔起，锚地里的大商船被抛到岛上很远的地方，无数人被卷入海浪中丧生。

这次喷发导致的大灾难还在后面，而带来灾难的罪魁祸首是数百亿立方米的碎屑和火山灰。火山喷发后，距坦博拉火山 3 千米处地区的住宅及其他建筑，全被厚厚的火山灰压垮，而距火山 40 千米外的地方，火山灰也厚达 13 米。除了松巴哇岛，火山灰还飘散到龙目、巴厦、马都拉和爪哇等其他岛屿。而火山附近的国家的大部分地区，火山灰也足有一米厚。

无数沙土及火山灰被抛向方圆 500 千米的天空，整个天空被黑色火山灰笼罩着，天地间漆黑一片，黑暗使得人们陷入恐慌，数百万人被灾难阴影笼罩。

火山喷发之后，随之而来的是大饥荒。由于受火山灰的影响，全球气候出现了异常，1815 年也被称为"没有夏日的年份"，对欧洲和北美洲影响尤其严重。这年英国的气温比常年下降了 2～3℃，农作物产量下降明显，农民生活受到很大影响，而爱尔兰和威尔士也都发生了饥荒。北美洲那一年农作物歉收，家畜死亡，导致了 19 世纪最严重的饥荒。

而在火山喷发地松巴哇岛上，当年就有 1 万多人被饿死，巴厘岛上也有近 5000 人死于饥荒。

总之，坦博拉火山的喷发震惊了印度尼西亚乃至整个世界，是人类历史上近几千年来危险性最大、最具破坏力的灾难之一。它警示我们：火山喷发时带来的灾难是毁灭性的，在这一大自然力量面前，我们不能存半点的侥幸心理，特别是居住在火山附近的人们，更要时刻保持警惕！